我家貓咪要好好到老！

貓咪的高品質樂活
養生事典

監修 臼杵新

楓葉社

打造人貓皆幸福的時光

和貓咪一起生活，貓咪會為我們帶來許多驚喜，但是同時我們也必須背負著飼養生命的重大責任。近年動物醫療取得了相當大的進展，市面上也多了許多因應不同年齡與身體狀況的貓咪食品，大幅延展貓咪的平均壽命。雖說與愛貓的快樂時光延長了，但是貓咪與衰老、病痛共處的期間也跟著拉長了。

為了幫助各位與深愛的貓咪度過更長的美好時光，本書蒐羅了許多相關的知識。

第一章將介紹的是可謂貓咪「生活基本」的重要事項，包括優良食品的選擇方法、貓咪喜愛的按摩術、梳毛法等。

第二章要探討的是與貓咪生活中最快樂的時光——與愛貓玩耍。不要只顧著自己開心，一起認識貓咪由衷喜歡的遊戲方法吧。

第三章要解說的，則是長時間飼養貓咪絕對無法迴避的「老化」事項。既然貓咪的壽命變長了，我們與老貓咪相處的時光勢必也將延長。如何盡可能讓老

貓咪過得舒適，則是每位飼主都必須面對的功課。

而最後的第四章，則是與「老化」息息相關的貓咪「疾病」。如前所述，貓咪醫療日新月異，只要隨時吸收最新的醫療知識，就有助於保護愛貓不受各式疾病侵擾。

貓咪通常很善變，每隻的性格往往也天差地遠，所以沒有什麼相處法是最好的。但是飼主擁有正確的知識，盡可能解讀自家愛貓的情緒，人貓共享的時光肯定會更加充實，相信這麼做也能夠為彼此帶來幸福。

臼杵動物醫院院長　臼杵新

CONTENTs

CONTENTs

盡力預防！

第4章　貓咪的「疾病」

第 **1** 章

藉由健康管理守護愛貓！

貓咪的「生活」

可能危害健康？不可掉以輕心的貓咪食品選購法

POINT 1 　購買前要確認成分表

防腐劑、抗氧化劑與色素等有增加致癌風險的疑慮，因此近年人類食品提倡減量使用，不過寵物食品有時也會使用這些添加物，所以透過網路或店面選購時請務必養成先確認成分表的習慣。

POINT 2 　要注意「粉物」

也就是「肉粉」。不是所有肉粉都很危險，只是無從確認原料是哪種肉，沒辦法完全否定使用病死動物或腐肉的可能性，令人擔憂。

POINT 3 　確認穀物的比例

貓咪屬於肉食性動物，因此身體需要攝取的穀物量不多。儘管食品裡添加少許無妨，但是有些廠商為了節省成本有提高穀物含量的傾向，可能引發肥胖、消化不良與過敏等。

喵嗚 PLUS POINT

食物成分當然很重要，但是更重要的是貓咪愛吃且不會吃壞肚子，如果為了強迫貓咪食用完全符合條件的食品，反而有損食慾與體力的話就划不來了。

選擇適合貓咪的「綜合營養食品」

有些貓咪食品（加工食品）中添加了許多懷疑可能對貓咪有毒性的添加物，其中最主要的色素與抗氧化劑，據傳有提升罹癌風險的可能性，所以請格外留意。

確認有效期限

食品中含有油分，油脂成分會隨著時間慢慢劣化或是氧化，所以請遵守有效期限，且愈新鮮愈好。

依年紀選擇食品

綜合營養食的種類相當豐富，挑選時的第一要件是選擇符合貓咪年齡（幼貓、成貓、高齡貓）的商品。

只餵綜合營養食也 OK

綜合營養食品適合當作主食，只要與新鮮的水一起供應，貓咪就能攝取均衡的營養以維持健康。

(!)

高致癌性的添加物之一

○乙氧基喹因（抗氧化劑）……具高致癌性，雖然人類的食品不會使用，卻會用在寵物飼料上。

○亞硝酸鈉、BHA（防腐劑）……長時間攝取會提高罹癌風險。

POINT 1　依身體狀況設計飲食內容

手作鮮食的一大優點，就是能夠輕易掌握用了哪些食材，且只要記錄貓咪吃了之後的身體狀況變化，之後就能夠量身打造適合愛貓的飲食內容。

POINT 2　要避免營養攝取不均

手作鮮食的缺點在於飼主相關知識不足時，容易造成營養攝取不均，甚至可能引發疾病或過敏。而人類的食物使用較多調味料、添加物，含鹽量與含醣量也偏高，所以不適合直接將人類食物分給貓咪。

POINT 3　時間與金錢成本

手作鮮食所費不貲恐怕也是缺點之一吧？想讓愛貓每餐都營養均衡時，飼主不僅須具備營養與疾病相關知識，還必須耗費時間與金錢。

喵嗚
PLUS　POINT

據信貓咪基本上沒有吃膩食物的問題，但是也有不喜歡每天吃特定食物的貓咪，這時建議嘗試歐洲的主流——輪換餵食法，依照貓咪的喜好每天在手作鮮食裡搭配不同的零食。

親手料理前，必須先熟知相關知識

這邊要依食物的類型，介紹為貓咪手作鮮食時的注意事項。有些海鮮對貓咪來說對健康有害，而肉類通常熱量偏高，一不小心可能會造成肥胖。可以餵食的乳製品與蛋類依調理方法與種類而異，蔬果則有助於補充水分。

加熱新鮮魚肉

魚肉富含維持貓咪健康所不可或缺的蛋白質，但是請盡量選擇新鮮魚肉，避免使用魚乾或鹹鮭魚等加工食品或是經過調味的食品，同時也必須經過加熱。

可以少量餵食的水煮蛋

貓咪健康的時候，可以餵食少許無調味優格。蛋類的話可餵食生蛋黃，但是嚴禁生蛋白。水煮蛋的話少量餵食不會有問題。

肉類要多留意油脂

處理肉類時，請將肉眼可見的油脂切掉。無論是豬肉還是牛肉，只要去掉油脂就沒問題，不確定處理得是否妥當時，則建議改用水煮雞肉（尤其是雞胸肉）。

(!) 萵苣、小黃瓜、花椰菜等蔬菜適合為貓咪補充水分，所以少量餵食是沒問題的，但是請盡量選擇可追溯來源的有機產品。但是貓咪過度攝取膳食纖維，可能會造成軟便或腹瀉，請特別留意。雖然貓咪不需要碳水化合物，但如果是白米與無調味白吐司的話，只要少量餵食也沒什麼問題。

POINT 1　餵食次數依年齡調整

貓咪一天會進食數次，6個月大的幼貓約一天4～5次，6個月至1歲之間則會慢慢減少至一天2～3次，超過7歲的熟齡貓因為消化功能變差，所以一天建議分成4～5次。

POINT 2　貓咪需要的熱量

貓咪需要的熱量依年齡與運動量等而異，建議參照左頁計算貓咪的一天必需熱量後分成數餐餵食。發現貓咪體重明顯變輕後，則應盡早調整飲食內容。

喵嗚

PLUS POINT

成為家貓前的野生貓咪，每天會頻繁狩獵小型動物。由於貓咪會獨占獵物，所以不需要一口氣吃完，因此貓咪一次只吃一些的習慣，應該就源自於野生時代的習性。

少量多餐的飲食習慣，不要一口氣餵太多！

計算愛貓的一日必需熱量

貓咪應攝取的熱量依年齡（成長階段）、運動量與體重等不同，運動量較大的成貓為「80kcal×體重（kg）」。假設貓咪4kg的話，就是80kcal×4kg＝320kcal，但是貓咪運動量較少的話請以70kcal計算。

80kcal × 🐱 體重（kg）
（運動量較少的貓咪要改成 70kcal）

少量多餐的餵食原則可預防肥胖

肥胖會引發糖尿病與高血壓等各種疾病，但是在餵食量固定的前提下增加餵食次數，則可有效預防肥胖。

少量餵食可使消化更順暢

減少每次餵食量可以避免對內臟產生負擔，消化也會更加順暢，從結果來看也有助於預防脂肪積蓄。

參考建議餵食量

有些寵物食品的包裝上，會標示「寵物體重以每3kg餵食1匙」等建議餵食量。各位不妨依建議餵食一陣子後，再依愛貓的體重增減調整。

(!) 對貓咪來說進食習慣突然改變，會造成相當大的壓力。所以包括餵食次數等照料環境，都建議趁愛貓年輕時規劃清楚，盡量一路維持相同的餵法到老。舉例來說，也可以考慮僅白天使用自動餵食器。

POINT 1 　蔥屬植物→不行！

蔥屬植物包括長蔥、洋蔥、韭菜與蒜頭等，內含「二硫化正丙基（N-propyl disulfide）」，貓咪吃到後會產生溶血性貧血，引發嘔吐、腹瀉、發燒等症狀，嚴重時甚至會致死。

POINT 2 　巧克力→不行！

巧克力含有可可鹼與咖啡因，貓咪吃到後會中毒，並對心臟造成極大負荷，有些病例甚至引發重症致死。此外，咖啡等含咖啡因的飲品對貓咪來說也相當危險。

POINT 3 　章魚、烏賊、蝦子→不行！

這些甲殼類動物都透過飼料或水等，積蓄了許多汙染物質，對身體嬌小的貓咪來說可能有毒，再加上都不太好消化，所以即使加熱過仍不建議餵食。

喵嗚
PLUS　POINT

除了上面列舉的食物外，有些貝類會引發皮膚炎，此外酒精類當然也絕對不行。貓咪攝取到酒精後30～60分鐘會嘔吐、腹瀉、顫抖等症狀，且每公斤的貓咪只要5.5～6.5㎖的酒精就足以致死，也就是說體重5kg的貓咪只要27.5～32.5㎖就會喪生，因此嚴禁餵食。

不只是蔥和巧克力！
嚴禁貓咪嘗味的危險食物

不是所有貓咪食品都能安心餵食！

除了右頁嚴禁餵食的食品外，其實市面上有些貓咪食品也含有危險成分，所以餵食前必須多加留意。

檢視標籤

貓咪長期攝取有害添加物時，對健康當然會嚴重受損。所以請透過商品標籤或是官網等，確認食品原料的出處是否值得信賴以及品牌的態度。

不能隨便心軟！

看到愛貓討吃時，難免會心軟餵食，但是請千萬不要過度餵食。

牢記貓咪與自己的體重差異

無論餵的是正餐還是零食，都請牢記愛貓與自己的體重差。舉例來說，對 50 kg 的人類來說，體重的 1% 是 500 g，但是貓咪頂多 5 kg 左右，所以 50 g 的食物就達體重的 1% 了。由此可看出，同分量的添加物對人類與貓咪的影響力也相差甚遠。

（!）近來寵物世界掀起了「無穀」風潮，也就是食品中不添加穀物。確實貓咪屬於肉食性動物，本來就不該餵食過多的穀物，但是因此就追求完全不吃穀類也有欠妥當，更何況其實有報告顯示，一味地追求無穀反而會提升心肌疾病的風險，所以請不要輕易隨著市面上的資訊起舞。

POINT 1　加熱食物

貓咪是重視氣味勝於滋味的動物，用微波爐稍微加熱食物，能夠引出食物的香氣，有助於貓咪恢復食慾。但是貓咪怕燙，所以加熱後請充分攪拌，並且以手指確認熱度約等於人類體溫後再餵食。

POINT 2　增添柴魚片香氣

這裡要利用能夠刺激貓咪食慾的香氣。只要將柴魚片裝進茶包袋，再與飼料一起裝在保鮮盒中數小時，飼料就會染上柴魚片的香氣，理應能夠讓愛貓食指大動！

POINT 3　加點配料

貓咪不肯吃飼料時，也可以淋上少許溼食，而有些貓咪則喜歡淋上無調味優格。但是這種做法會大幅提升總熱量，所以必須依溼食的分量減少飼料。

喵嗚　PLUS POINT

貓咪不舒服的時候，可能會專注於休養，並減少獵食行為以保留體力，所以有時貓咪休養幾天後就會恢復進食。但是若觀察數天發現狀況未改善，可能是罹患了光憑休養無法恢復的疾病，建議帶去醫院接受檢查。

「想吃的時候再吃」是貓咪的生活美學

畢竟貓咪最早是野生的肉食動物,所以就養成了隨心所欲決定用餐時間的習慣。因此貓咪不打算吃飯時,看到食物也會「視若無睹」。如果飼主希望愛貓的用餐時間能夠配合自己的作息,只要在決定好的時段拿出食物即可。

規律的飲食習慣

若用餐次數與時段經常改變的話,貓咪會感到混亂進而拒食或是食慾不振。但是只要養成規律的用餐習慣,只要飼主端出食物就會乖乖去吃。

愛貓不吃時就撤掉食物

貓咪不肯進食的時候,請先把食物撤掉,不要一直放在原位。尤其溼食開封後的保存期限會變很短,所以請特別留意。

記錄愛貓的飲食內容

平常請記錄愛貓喜歡&討厭的食物吧。這麼做不僅可以掌握愛貓喜好,還有助於健康管理。

(!) 有時明明是貓咪主動討食,但是拿出來後又不肯吃。這時飼主往往會以為是「想吃別種食物」。然而這單純是貓咪善變所致,如果因此乖乖換上其他食物的話,貓咪可能會變本加厲,所以寵貓也應適可而止。

按摩訣竅與注意事項

人貓都療癒的超簡單揉貓術！
有效提升復原力，身體健康再整頓

輕揉貓咪爪子根部

輕按貓咪腳掌中央的大肉墊，讓爪子伸出來後，用大拇指與食指輕揉每根爪子的根部約6～10次。這種按摩法有助於促進腦部活化，並消除身體累積的疲勞。

要注意爪子周遭的皮膚

貓咪爪子周遭的皮膚，有時會悄悄發炎，嚴重時甚至會化膿。所以為愛貓按摩爪子根部時，也應仔細觀察周遭皮膚。

喵嗚 PLUS POINT

嚴禁強力按壓，所以請先輕按自己的手腕確認力道，並切記手指應飽含「愛」而非「力量」。此外建議一天按摩10次，各位不妨先從一天5分鐘開始讓愛貓慢慢習慣按摩。

輕按背部的皮膚

貓咪背部中央有許多氣道（經絡），上面布滿了穴道。請用雙手稍微拉起貓咪背部皮膚，每次約5～10秒即可。像這樣一口氣刺激多種穴道，能夠有效整頓貓咪身體狀況。

輕捏前腳

首先輕握貓咪的左右前腳，然後交錯輕按。接著用大拇指按住上側，食指的第二關節則按住肉墊，再以一定的節奏左右各按6～10次。貓咪的腳底同樣充滿各種穴道，這麼做有助於促進血液循環。

貓咪肚子餓得煩躁或是想睡覺時，請不要強行按摩。此外嚴禁勉強貓咪，所以貓咪抗拒或是看起來會痛時都應停手。請務必按照愛貓當下的狀況決定是否按摩，才不會讓愛貓討厭按摩。

POINT 1 穴道位在「氣道」上

穴道是源自於中國醫學的經驗法則，認為其位在「氣道（經絡）」上，而據說貓咪有350處以上的穴道。用指腹按壓穴道或是輕撫穴道，都有助於促進血液循環，維持健康。

POINT 2 撫、抓、揉

貓咪的身體很小，很難精準按壓每個穴道，但是我們可以記下關鍵位置並按摩周邊。這邊要切記貓咪的穴道不適合強力揉按，請遵守「以畫圓的方式輕撫、輕抓、輕揉」這個基本原則。

POINT 3 先暖手再開始

飼主的手太冰涼時，貓咪可能會嚇到或是警戒，所以按摩前請先暖手。

PLUS POINT

飼主心情煩躁時，貓咪也感受得到。所以要為愛貓按摩穴道的話，請挑選人貓都身心放鬆的時候吧。此外生活空間太熱或太冷時，都無法獲得充足的效果，所以請將室內溫度控制在26～28℃吧。

特別推薦的貓咪穴道！

貓咪的穴道遍布身體各處，包括臉部、頭部、背部、腹部、腿部、臀部與指縫等，這裡要介紹的是比較方便找到的穴道，以及按摩該穴道可望獲得的效果。按摩的同時輕撫貓咪的喉部、臉部或頸部的話，貓咪會更加平靜。

頭部的穴道

位在頭頂中央（左右耳之間）的「百會穴」，有助於緩和壓力、釋放緊張。所以請用指腹輕揉貓咪的頭部穴道吧。

臉部與鼻子附近的穴道

鼻子左右側的「迎香穴」有助於改善流鼻水、鼻塞、副鼻腔炎等；左右耳後方的「風池穴」則有助於改善眼疾、重聽與壓力等。

背部的穴道

位在脊椎的經絡稱為「督脈」，上面分布著許多穴道。順著毛流撫摸貓咪，有助於刺激這些穴道，改善腰痛的問題。

(!) 有時刺激貓咪下半身時，肛門左右的肛門囊（腺）會分泌出帶有惡臭的液體，所以按摩前請先備妥衛生紙。此外要按摩肛門與尾巴根部的凹陷處——後海穴時，請使用棉花棒輕按。

匯集許多神經的超敏感部位，藉「肉墊按摩」讓貓咪睡得更香甜

POINT 1 | 認識肉墊的功能

肉墊的功能相當豐富，包括減緩腳部衝擊與止滑等。肉墊含有大量神經，同時也是特別容易受傷的部位（例如：夏天踩到燙熱的柏油路等），所以每天都要勤加保養。

POINT 2 | 用大拇指輕撫肉墊

抱著愛貓或是愛貓躺著放鬆的時候，請溫柔地抬起貓咪的腳掌，以大拇指畫圓的方式輕撫或輕按肉墊，這時有些貓咪會舒服到睡著喔！

POINT 3 | 使用保溼產品

貓咪的肉墊變得乾燥粗糙時，可以施以油壓按摩或是抹上專用乳液保溼。但是肉墊過度乾燥或是發腫時可能是生病了，難以判斷時請帶去醫院檢查。

喵嗚 PLUS POINT

讓貓咪躺下後握住後腳。後腳的肉墊下側有「湧泉穴」，能夠讓活力如泉水般湧出。用大拇指抵住貓咪的湧泉穴，以輕柔的力道邊按壓邊朝著腳尖滑動，愛貓說不定會更有精神。左右各6秒為一組，建議做6～10組。

按摩肉墊的注意事項

在為愛貓按摩肉墊時，邊塗上馬油或天然的油，皮膚就會吸收這些成分，達到滋潤的效果。專門用來保養肉墊的乳液，會透過保溼成分避免肉墊乾燥與龜裂，但是有些貓咪保養乳液含有毒性，所以剛開始先沾極少量試用會比較安心。

貓咪專用保溼油與乳液

人類在用的護手霜可能會損及貓咪健康，所以嚴禁抹在貓咪的肉墊上。為愛貓保養肉墊時，請務必使用貓咪專用保溼油或保溼乳液。

選擇無香料的類型

市面上售有散發香草或水果香氣的肉墊護手霜，但是若選到貓咪討厭的氣味反而會造成壓力，建議選擇無添加香料的會比較安心。

要注意成分

將按摩油或乳液等抹在肉墊上時，貓咪會舔進肚子裡。所以請慎選沒有添加物、色素與防腐劑的商品，以避免讓愛貓吃進不該吃的。

(!) 貓咪的肉墊乾燥時，會比較難在木地板等較滑的材質上行走，所以建議鋪設軟木墊等磨擦力較強的地墊。當然，不一定要鋪滿整面地板，只要針對貓咪容易打滑的部分即可。

可以用棉花棒清耳朵嗎？耳朵清潔的注意事項與正確方法

POINT 1　首先諮詢熟悉的醫師

健康貓咪的耳朵具備自潔功能，幾乎沒有髒汙的問題。因此發現愛貓耳朵變髒或發炎時，請先諮詢平常往來的醫師，確認是否適合在家自行清理耳朵。

POINT 2　避免指甲刮傷貓咪

在自家為愛貓清潔耳朵時，必須特別留意自己的指甲。飼主的指甲太長、尖銳或是有缺角，都可能會傷到貓咪的耳朵。此外要注意還不習慣清潔耳朵的貓咪可能會掙扎。

POINT 3　盡量避免使用棉花棒

棉花棒可能反而將汙垢推到更深處，還有可能傷害耳內皮膚。所以還不熟練的飼主請盡量不要使用棉花棒；同樣地，即使飼主相當熟練，也應該避免過度使用棉花棒。

PLUS　POINT

貓咪的耳朵會釋出分泌物，使異物變硬避免進入耳朵深處，而這種變硬的異物就是耳垢。正常的耳垢偏褐色，且稍有黏膩感。如果耳垢量異常增加，或是耳朵散發出異味時，就可能是貓咪生病或是身體不舒服。

在自家清耳朵的方法

最常見的方法是用棉片或紗布清理。只要用棉片沾取潔耳液，輕拭耳朵露出來的部分即可。如果有牢牢黏住的耳垢，請不要強行擦拭，請花點時間輕輕清除。

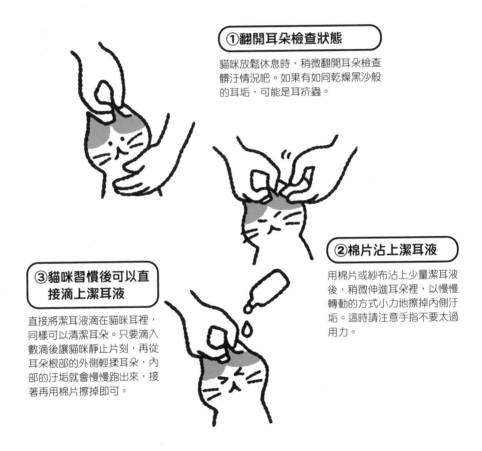

①翻開耳朵檢查狀態

貓咪放鬆休息時，稍微翻開耳朵檢查髒汙情況吧。如果有如同乾燥黑沙般的耳垢，可能是耳疥蟲。

②棉片沾上潔耳液

用棉片或紗布沾上少量潔耳液後，稍微伸進耳朵裡，以慢慢轉動的方式小力地擦掉內側汙垢。這時請注意手指不要太過用力。

③貓咪習慣後可以直接滴上潔耳液

直接將潔耳液滴在貓咪耳裡，同樣可以清潔耳朵。只要滴入數滴後讓貓咪靜止片刻，再從耳朵根部的外側輕揉耳朵，內部的汙垢就會慢慢跑出來，接著再用棉片擦掉即可。

!----

天氣潮溼時，貓咪特別容易產生外耳炎。外耳炎與耳疥蟲都可能造成大量的耳垢，或是散發異味的分泌物，所以發現這個狀況時請先帶去醫院吧。耳朵方面的疾病惡化後才看診會相當難處置，所以請勿自行判斷沒事後就放著不管。

從潔牙布開始嘗試，學習正確的貓咪刷牙法

POINT 1	先讓貓咪習慣口腔被觸碰

在為愛貓刷牙之前，先讓貓咪習慣口腔被觸碰的感覺是很重要的。所以請在撫摸的過程中若無其事地摸向嘴巴周邊或是嘴巴內部，讓貓咪習慣：「我家飼主就是會亂摸嘴巴的生物。」

POINT 2	使用潔牙布

能夠清除牙齒髒汙與牙垢的潔牙布觸感近似手指，所以貓咪比較不會抗拒。請先抱起愛貓並打開愛貓的口腔後，以劃圓的方式一根根清潔牙齒吧。

POINT 3	剛開始不要花太多時間

清潔時也別漏掉口腔深處的牙齒外側。而體積最大的虎牙容易累積許多牙垢，也請各位著重於此處。剛開始時間很短（10秒左右）也無妨，等貓咪習慣刷牙後再慢慢加長時間吧。

喵嗚 PLUS POINT

人類的牙垢約過25天就會變成牙結石，據說貓咪只需要三分之一的時間。所以建議每3天為愛貓潔牙一次，才能夠避免牙垢變成牙結石。

牙結石
25日　7日
人類　貓咪

POINT 1　善用洗衣袋

貓咪抗拒剪趾甲時，只要裝進洗衣袋中就會安分許多。似乎是身體緊貼著洗衣袋的網子，讓貓咪猶如待在狹窄場所，安全感也跟著提升。

POINT 2　隔著網子剪趾甲

貓咪有喜歡鑽進狹窄空間的習性，有時光是打開洗衣袋的開口並稍微撐起，貓咪就會自己鑽進去了，接著只要讓爪子穿透網子後再修剪即可。

POINT 3　要留意洗衣袋的網眼尺寸

洗衣袋的優點在於通風、爪子能夠從網眼伸出來，還能夠清楚觀察貓咪的反應。適合剪趾甲的洗衣袋尺寸，必須讓貓咪能夠活動身體，且網眼也要偏粗以利爪子伸出。

喵嗚

PLUS　POINT

為愛貓洗澡時，洗衣袋同樣能夠派上用場。先將愛貓裝進洗衣袋後，再讓頭部從開口探出來，接著就連同洗衣袋一起清洗。建議選用筒狀或是袋狀的立體洗衣袋，才能夠讓貓咪保持頭部伸出的狀態。

貓咪害怕剪趾甲，該怎麼辦？這時就祭出「洗衣袋」！

POINT 1 首先要讓貓咪放鬆

在梳毛前請先撫摸愛貓，使其呈現放鬆狀態，等貓咪露出舒服的表情後再開始梳毛。如果毛會飄起或是靜電的話，建議在身體上方的空間噴點水。

POINT 2 梳理臉部周邊的毛

梳理額頭與臉頰等部位的毛時，要邊注意別梳到眼睛，邊用矽膠梳等從中心往外梳。臉部周邊有許多敏感的部位，所以請格外謹慎。

POINT 3 梳理背部與尾巴

在梳理背部的毛髮時，請沿著脊椎從頭部往尾巴梳理，這個動作要反覆數次，以清除脫落的廢毛，並且要注意力道的控制。最後再從尾巴的根部，梳往尾巴尖端吧。

讓貓咪融化的梳毛法，訣竅就是「愈輕柔愈好」！

PLUS POINT
喵嗚

短毛貓放著不管也不會結成毛球，但是每週至少還是要梳1次。換毛季節與季節變換的時候，貓咪會大量掉毛，所以每天梳也沒問題。長毛貓的話則必須每天梳毛，換毛季時更是必須一天梳上好幾次。

五花八門的梳毛工具

為貓咪梳毛時的必備工具包括噴霧罐、短毛貓適用的矽膠梳、加強用的鬃毛梳、梳齒較細密的針梳與排梳等。噴霧罐可以購買防止靜電專用的類型，也可以從生活中挑選順手的噴霧罐。

矽膠梳、鬃毛梳

矽膠梳的磨擦力較強，能夠確實去除脫落的廢毛。鬃毛梳則可有效增添被毛光澤。

針梳

梳齒較為細密的針梳，連較長的廢毛都能夠清得很乾淨。請用握筆的感覺以大拇指與食指握住針梳吧。貓咪身上堆滿冬毛時，針梳的功效就特別強大，但要注意若直接梳在皮膚上可能會受傷，所以力道要比使用矽膠梳與鬃毛梳時更輕柔。

排梳

不鏽鋼製的排梳，適合用來整理長毛貓的耳朵下側，以及加強身體其他部位的梳理。但是排梳的梳齒特別細密，如果還有沒梳開的毛球，很容易勾到毛。

（！）

貓咪經常理毛，所以適度的梳毛，有助於避免吞下太多毛球。貓咪吞進過多的廢毛時，廢毛會在胃中糾結成大型毛球，結果吐不出來也無法透過腸道排出，最後甚至塞住胃部出入口造成「毛球症」，引發各式各樣的腸胃症狀。

POINT 1　清除汙垢

貓咪平常會舔舐被毛與皮膚以保持乾淨，儘管如此還是有許多舔不到的位置，尤其長毛貓身上的皮脂或分泌物造成的髒汙，特別容易卡在原位。而貓咪專用沐浴乳，則有助於清除這些汙垢。

POINT 2　去除廢毛

廢毛對貓咪來說是相當麻煩的，所以在每年約兩次的換毛季為貓咪洗澡，就能夠減少貓咪吃進肚子裡的廢毛，日常清除廢毛的工作也會輕鬆許多。

POINT 3　減輕過敏

貓咪唾液與身體表面有過敏原「Feld 1」，據信能夠透過洗澡減量，但是光洗一次無法獲得明顯的效果，因此建議定期為愛貓洗澡。

喵嗚 PLUS POINT

洗澡與刷牙一樣，都應盡量讓貓咪從小養成習慣。各位不妨用臉盆裝入拌有少許沐浴乳的水，讓愛貓輕鬆泡湯等，透過這些練習讓貓咪不覺得洗澡泡進溫水是件苦差事。

貓咪非常抗拒水時，也可考慮乾洗

對許多貓咪來說，被水沾溼會帶來莫大壓力。想在避免沾溼貓咪的情況下清理乾淨的話，可以考慮不需要用到水就能夠清除異味與髒汙的乾洗劑。當然在選擇乾洗劑時也要慎選安全成分，讓愛貓就算舔進肚子裡也不會出問題。

貓用沐浴乳（液態）

能夠一口氣大範圍清洗，事後只要擦乾就好，相當簡單。清洗過程中請稍微幫愛貓梳毛，將沐浴乳沖乾淨後再以乾毛巾擦乾。

泡貓用洗毛慕斯（泡沫）

能夠比沐浴乳更深入被毛深處，能夠徹底去除從裡到外的汙垢，連異味都清得一乾二淨。

貓用乾洗劑（粉末）

適用於非常抗拒被毛沾溼的貓咪，只要將粉末搓進毛中再梳毛即宣告完成，不容易造成壓力。

> ⚠ 乾洗劑只能清理被毛髒汙，無法連皮膚都清理乾淨，所以如果貓咪有皮膚病必須透過洗澡治療時，乾洗劑不具有療效。因此愛貓需要治療皮膚病又討厭沾溼時，請詢問醫師是否有替代方案。

POINT 1 選擇小動物專用的剪毛器

為愛貓修剪被毛時請勿使用剪刀，應選擇小動物專用的剪毛器，因為貓咪突然動的時候，剪刀可能會傷到皮膚，相當危險。此外貓咪對溫度也很敏感，請留意剪毛器的溫度。

POINT 2 只修剪體幹的部分

為愛貓修毛時請修剪體幹的部分即可，因為臉部、四肢、肉墊一帶與尾巴毛的修剪難度很高，貓咪也特別抗拒。此外過度修剪也會對皮膚造成負面影響，所以請適可而止。鬍鬚是貓咪的尊嚴，請注意口鼻一帶與眼睛上方的鬍鬚一根都不可以傷到。

POINT 3 不要強行修剪

貓咪不可能乖乖讓飼主修剪，但是壓制貓咪強行修剪的話，會造成相當大的壓力，所以貓咪抗拒時請立刻停手。

喵嗚

PLUS POINT

只有長毛貓與被毛特別厚的品種需要修毛，因為適度的剪毛能夠幫助皮膚通風，貓咪也會比較涼爽，能夠在初夏至初秋之間有效避免中暑。而適度的修剪也可以降低貓咪罹患皮膚炎的機率，並且有效預防毛球問題。

修剪的順序與注意事項！

首先請為愛貓梳開打結的毛，接著挑個貓咪放鬆的時機開始修剪，但是修剪途中貓咪表現出抗拒時請立刻停手。將修毛分成數次進行，有助於減輕對貓咪造成的壓力。

修剪順序為 ①→②→③

先修剪背部，接著修往腹側，最後才是腹部的被毛。

修剪的長度

請以短毛貓的毛長為基準，太短的話會使貓咪受寒生病，所以請修整至不容易打結的程度即可。

修剪後給予獎勵

修剪完後請別忘了給予獎勵，例如：餵飯、餵零食或是陪愛貓一起玩等。

(!) 功率較大的剪毛器，常常沒幾分鐘刀片就變燙，所以請特別留意。此外貿然使用剪毛器可能釀成無法預期的狀況，因此使用前請先諮詢動物醫院或寵物沙龍。

POINT 1　盡量避免搬家

貓咪是無法好好適應搬家、更動家中配置、寄養在寵物旅館等居住環境變動的生物，可能會壓力太大導致食慾不振、掉毛、腹瀉等，有時甚至會在便盆外排泄。

POINT 2　別讓貓咪接觸陌生人

家中有陌生貓咪或人類到訪，對貓咪來說同樣會造成壓力。家中有陌生訪客時，貓咪會因為警戒而躲在陰暗處或逃跑。有些貓咪會撒尿在訪客的鞋子或包包，藉此宣示這是自己的地盤。

POINT 3　盡可能聲音與震動

貓咪的感官比人類更靈敏，因此不少貓咪會討厭吸塵器的聲音或是震動。如果因為施工使貓咪日常充滿了噪音或震動時，會造成相當大的壓力，飛機、電車與汽車等帶來的噪音與震動亦同。

喵嗚　PLUS POINT

據說貓咪的嗅覺比人類敏感10倍，因此光是居住環境的氣味改變，就可能造成貓咪的壓力。芳香劑、除臭劑、香氛、線香等含有帶有酸味的柑橘類氣味、薄荷醇、香草類氣味時，也有不少貓咪會感到抗拒。

花點巧思，幫助貓咪熟悉新家

搬家或是更動家中配置後，難免會想連貓咪的餐具、便盆與床等一起換新，但是煥然一新的住宅其實會對貓咪造成莫大壓力。所以在愛貓熟悉新的居住空間之前，請沿用貓咪用慣的墊子、毯子等。

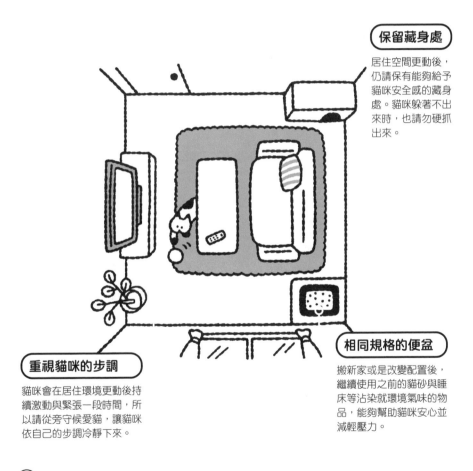

保留藏身處

居住空間更動後，仍請保有能夠給予貓咪安全感的藏身處。貓咪躲著不出來時，也請勿硬抓出來。

相同規格的便盆

搬新家或是改變配置後，繼續使用之前的貓砂與睡床等沾染就環境氣味的物品，能夠幫助貓咪安心並減輕壓力。

重視貓咪的步調

貓咪會在居住環境更動後持續激動與緊張一段時間，所以請從旁守候愛貓，讓貓咪依自己的步調冷靜下來。

很多貓咪會在前往新家的途中或是剛到達新家時，就情緒激動進而脫逃。喜歡外出的貓咪也會開始巡視住宅附近，所以前往新家的途中，請裝在外出籠或籠子裡，並且戴上寫有姓名與電話的防走失名牌。

不是盛夏也很危險？溫度與溼度都很重要的中暑預防術

POINT 1 　注意溫度與溼度

貓咪的體溫調節功能不佳，無法用嘴巴呼吸或排汗降低體溫，因此氣溫超過30℃的話中暑風險就大幅提升。但是其實即使氣溫不到30℃，溼度太高仍可能貓咪造成中暑，一年四季中尤以5～10月特別危險。

POINT 2 　高風險的環境與場所

將貓咪關在密閉空間、車子裡或是裝在外出籠後帶著走等，都有溫度急遽上升的風險。有時貓咪會因為好奇而鑽進置物櫃或衣櫃跑不出來，結果因為一段時間沒有喝水而中暑。

POINT 3 　避開增加風險的條件

前後兩天溫差過大、室內外溫差過大等都容易引發中暑，將貓咪關在籠中沒有供水或是讓貓咪長時間憋尿，同樣會提高中暑的風險。

喵嗚 PLUS POINT

貓咪張大嘴巴「哈！哈！」地呼吸時，就有可能是中暑了。其他像是食慾不振、流口水、眼睛或口腔黏膜變紅等症狀也必須特別留意，若是嘔吐或腹瀉且體溫達39℃以上時請務必帶去看醫生。

飼主可以立即執行的中暑預防法

讓愛貓獨自看家時,請務必藉空調做好室溫管理。以現代的日本來說,冷氣在夏季白天可以說是必備的。

遮擋直射日光

遮擋直射日光有助於減緩室溫上升程度,所以請善用隔熱遮光紙、遮陽帆布、竹簾、遮光簾等。

全天候開啟空調

市面上已經有能夠用智慧型手機等遠端操控(調節溫度等)的空調設備,各位不妨參考,並請做好日常維護以策安全。

搭配循環扇

循環扇可以促進高處熱空氣與低處冷空氣循環,因此也可以考慮在開啟空調時搭配循環扇。

梳毛

貓咪的毛量相當多,平日就要透過梳毛清除冬毛,增加被毛的通風程度,避免熱氣悶在毛中。

(!)

愛貓疑似中暑時,請立刻移到沒有日照的陰涼場所,並施以緊急措施——首先用紗布或毛巾包裹保冷劑或冰塊,敷在頭部、頸部與腋下降溫。接著用溼毛巾擦拭貓咪全身或是增加空調的風量,以達到降低體溫的效果。如果貓咪願意喝水的話也請餵點水,等貓咪情況穩定下來後再立刻送醫。

POINT 1　能夠隨時守護愛貓

裝設寵物監視器的話，就可以隨時透過手機或平板電腦，確認愛貓用餐＆睡眠時間、搗蛋的樣子。因此飼主獨居或是經常不在家時，若能裝設監視器就會安心許多。

POINT 2　能夠立即因應緊急狀況

有些寵物監視器可以收音，有助於發現愛貓看家時的任何異狀。如此一來，即使貓咪在看家時不舒服或受傷，飼主也能夠及早發現。

POINT 3　藉遠端操控增添舒適環境

高溫潮溼的夏季與嚴寒的冬季，對貓咪來說都很不舒服。因此設置可透過手機或平板電腦遠端操控的燈光與寵物監視器，就算臨時有狀況回不了家，也能夠隨時為愛貓打造舒適環境，令人安心。

PLUS POINT

現在的寵物監視器功能更加豐富，除了能夠感應人體、動作、聲音、室溫與氣溫變化外，室內出現不正常的動作時也會自動錄影，甚至能將可疑人物的影片截圖傳送給屋主，或許可以兼具防盜效果！

寵物監視器的選購方法

近年的寵物監視器搭載了形形色色的功能，有助於為愛貓打造舒適的看家環境，讓飼主得以安心出門。但是售價當然也會隨著功能多寡而異，因此請為自己的需求安排優先順序後再加以選購。

攝影範圍

空間狹窄時使用固定式寵物攝影機即可，但是會讓貓咪在寬敞空間中自由行動時，建議搭配有轉向功能或廣角鏡頭的類型。

紅外線感應器與夜視功能

飼主獨居或是夜晚才回家時，建議搭配有紅外線感應器與夜視功能的類型。

自動餵食功能

只要在飼料槽中放置飼料再定時，就能夠在指定時間餵食的功能。餵食量與時間都可以透過APP設定。

ⓘ 有內建麥克風或喇叭的寵物監視器，能夠播放事前錄好的語音，或是透過智慧型手機即時向愛貓說話。如果是會對飼主聲音有反應的貓咪，或許就可以透過遠端呼喚，讓貓咪來到監視器拍得到的範圍。

日常健康管理就從貓便盆開始！

排泄物也藏著許多線索

POINT 1　要留意排泄時的顫抖與叫聲

貓咪在排泄時顫抖著身體，看起來很用力且看起來很痛苦，或是發出了平常沒聽過的低沉叫聲哀號聲時，可能罹患的疾病五花八門，包括膀胱炎、尿道結石、便祕與腸堵塞等。

POINT 2　確認排尿時的模樣

貓咪有膀胱炎或尿道結石的問題時，會出現排尿困難，尤其公貓的尿道窄細，特別容易遭結石堵塞，排尿時會伴隨著劇烈疼痛。無法順利排尿會導致毒素累積在體內，短時間內就會招來致命危機。

POINT 3　確認排便時的模樣

貓咪用力卻排不出便時就是有便祕問題。便祕太久則可能是巨結腸症。此外過度理毛導致吞進大量廢毛，毛球就會堵塞在腸胃，引發名為毛球症的腸胃炎，進而阻礙排便。

喵嗚　PLUS POINT

貓咪的泌尿系統出問題時，排尿習慣可能會受疾病影響，導致在便盆以外的位置排尿。所以貓咪出現異常行為時，其實等於是在告訴飼主：「我的身體出狀況了。」總而言之，請各位飼主務必敏感看待愛貓的排泄狀況。

便祕的原因與應對方法

貓咪排便不規律或是3～4天沒有排便的話，就很有可能是便祕了。便祕原因包括食物、飲水量不足、壓力與疾病等，所以請先找出愛貓便祕的原因再施以相應的應對方法。

主因是食物時

有時會因為換飼料或是餵食多種不同食物，導致貓咪的糞便變硬。這時可試著換成膳食纖維較豐富的食物，或是增加餵水量。

主因是環境變化時

貓咪對環境變化相當敏感，搬家或是住寵物旅館等環境變化都會造成壓力，可能間接導致排泄不順暢。

主因是運動量不足時

運動量不足會造成肌力變差或是腸道蠕動不足，進而引發便祕，所以請增加與愛貓玩耍的時間吧。

> (!) 改善貓咪便祕的方法之一，就是使用溶劑型或栓劑型瀉藥。但是發現愛貓出現異狀，像是數日沒排便看起來不太舒服、想吐等的時候，建議先帶貓咪去看醫生，不要自行決定治療法。

POINT 1　關於晶片

埋在貓咪體內的晶片是圓筒狀積體電路（電子標籤），尺寸約為直徑 2 mm、長度 10 mm，裡面記錄著 15 碼的識別編號。只要用專門的掃描器讀取，就能夠得知登記的飼主資訊。

POINT 2　請獸醫施打

晶片是用類似針筒的工具，植入在貓咪後頸的偏左（以脊椎為基準）處。施打晶片屬於動物醫療行為之一，所以只能由獸醫執行。而登記的識別編號與飼主資訊，都會由動物 ID 普及推進會議（日本）記錄與管理，登記費用為 1,050 日圓（台灣讀者可參照寵物登記管理資訊網：https://www.pet.gov.tw/）。

POINT 3　愛貓走失後請聯絡當地收容所

收容所或動物醫院等單位會收容走失、跑出家門，或是因地震、意外等狀況與飼主分離的貓咪，只要掃瞄晶片就能夠確認貓咪的身分。此外施打晶片也有助於預防違法棄養。

喵嗚 PLUS POINT

日本收容所會依狂犬病防治法捕捉流浪狗，但是並無貓咪相關法令，所以流浪貓不太容易被抓。因此即使植入晶片，也很難收到收容所的通知。但可別誤以為「反正不會被抓走，所以很安心」，請務必秉持著「寵物跑出家門＝死亡」的謹慎心態。

第 **2** 章

好心情讓貓咪更有精神！

貓咪的「遊戲」

POINT 1　尊重貓咪的野生天性

貓咪曾經是野生的肉食動物，因此還保有狩獵本能。牠們的狩獵本能之一，就是埋伏在陰暗處，等昆蟲或小鳥之類的獵物靠近時迅速撲過去。此外貓咪之間也會出現埋伏同伴的玩耍方式。

POINT 2　模擬狩獵的遊戲

對幼貓或年輕貓咪來說，躲貓貓與鬼抓人這類遊戲，可用來鍛鍊瞄準、隱身、飛撲、捕捉等狩獵技巧，因此建議各位按照這類習性想出適當的遊戲方式。

POINT 3　非常推薦躲貓貓

雖然貓咪不會主動玩躲貓貓或鬼抓人，但是飼主陪玩的時候，牠們就會表現出躲起來等飼主找的行為。對於生活在狹小空間且沒有同伴的貓咪來說，這種遊戲有助於改善運動量不足的問題與消除壓力，相當重要。

喵嗚
PLUS POINT

將貓咪完全飼養在室內、只有一隻貓、室內缺乏跑動或攀高的場所、飼主沒時間陪玩等，這些都是造成運動量不足的原因。無論是什麼原因造成的，運動量偏低都會造成肥胖，進而提高罹患各種疾病的風險。

找找看躲起來的貓咪吧！

和貓咪待在同一個空間時，如果貓咪突然躲在某處，就請假裝尋找吧！飼主的反應可能會讓貓咪覺得很開心，於是繼續躲在陰暗處或床下，甚至可能等飼主走過去後才從身後飛撲出來。另外也建議各位以此為基礎，搭配出豐富的遊戲法吧。

呼喚名字

貓咪躲起來時，請試著呼喚名字吧。平常聽到名字就會過來的貓咪，想玩躲貓貓時就會繼續躲著。

小玉～

你在哪～

假裝沒有看到

就算已經看到愛貓的臉或屁股，也請假裝沒看到吧，說不定過一下子貓咪就會飛撲出來。

由飼主躲起來

請躲在沙發或書櫃後面試著呼喚愛貓吧。只聞其聲不見其人，對貓咪來說相當有趣，有些貓咪會因此開始尋找喔。

① 貓咪非常喜歡鑽進紙袋、盒子或包包等易於出入的小小空間，這是因為待在狹窄空間比較安全，所以貓咪會比較安心。陪愛貓玩躲貓貓的時候，刻意設置多處會吸引貓咪進去的物品，就能夠玩得更加盡興。

陪愛貓玩遊戲的理想時段，餐前與餐後哪個合適？

POINT 1　餐後不要立刻玩耍

在貓咪飽餐一頓後突然玩起劇烈的遊戲，可能會導致貓咪吐出胃中尚未消化的食物，所以餐前比餐後更適合玩耍。

POINT 2　適合在空腹時玩耍

很多貓咪在空腹時，想捕捉獵物的狩獵本能會較強烈，餐後就會切換成「慵懶模式」，因此空腹時會玩得更起勁。從這個角度來看也可以發現，餐前比餐後更適合陪愛貓玩耍。

POINT 3　玩耍可促進食慾

貓咪成功捕獲獵物時的成就感，有助於增進食慾。因此從這個角度來看，餐前玩耍也相當合理。但是食慾與玩耍的關聯性依個體而異，且差異甚大，如果貓咪餐後也很想玩耍的話，就請陪陪愛貓吧。

喵嗚
PLUS POINT

貓咪具備夜行性的習性，所以會在晚餐後特別活潑，這時可能會想找飼主玩。看到愛貓想玩耍時，就請抽空陪愛貓好好玩一場吧。

晚一點再玩喔

POINT 1　視情況決定陪玩法

貓咪有時會在飼主忙碌時要求陪玩，這時不妨在能力所及的範圍內「邊忙邊玩」，等有空時再「專注陪玩」。貓咪專注於玩耍的時間很短，所以像這樣有效運用時間是很重要的。

POINT 2　邊閱讀邊陪玩

將手指擺在報章雜誌下側輕刷紙張，會讓貓咪以為有獵物躲在那裡而開始擺弄。

POINT 3　邊整理床單邊玩耍

整理床單或毯子的時候，愛貓剛好出現的話，就試著上下擺動成波浪狀吧。如此一來，貓咪就會跳上來玩喔。

POINT 4　專注玩耍的時間約5分鐘

成貓持續專注於遊戲的時間大約只有5分鐘，如果能夠把握這段時間，與愛貓共享開心玩耍的時光，關係肯定會更加緊密。

喵嗚
PLUS POINT

用玩具和貓咪一起玩的時候，事後請務必把玩具收好，否則貓咪很容易在飼主沒看的時候，把玩具玩壞後吃進肚子裡。

POINT 1　確認貓咪的年齡與品種

將貓咪養在室內時，玩耍有助於預防肥胖並消除壓力。這邊建議的玩耍時間，以短毛成貓來說是1天總共15～20分鐘。長毛貓則為10～15分鐘。也就是說，不管是哪種貓咪，一天最少應陪牠們玩耍10分鐘。

POINT 2　年輕貓咪要多玩5分鐘

未滿兩歲的貓咪好動又愛玩，因此前述時間各增加10分鐘也沒問題。但是幼貓有偏好一口氣玩到沒力的傾向，所以請將15～30分鐘的遊戲時間分成數段吧。

POINT 3　每天都要玩耍

養貓時可沒有所謂的「玩起來放」。只在室內活動的貓咪如果只有自己一隻貓，就很容易運動量不足，所以飼主應每天安排少許時間陪玩，養成貓咪活動的習慣。

喵嗚

PLUS　POINT

短毛貓原本就有活動範圍較廣的習性，所以基礎體力較佳且運動能力較高。相較之下，長毛貓的持久力較差，玩耍的專注力也頂多5分鐘而已。正因貓咪間有如此差異，所以即使是成貓，也必須依種類安排不同的每日玩耍時間。

不同階段適合不同的玩耍方式

既然貓咪的體力會依種類而已，年齡當然也會有所影響。因此即使陪玩的時間都差不多，仍應慢慢調整玩耍方式與玩具。

幼貓

貓咪兩個月大的時候，就開始懂得獨自玩耍。這個時期的貓咪好奇心旺盛，所有會動的東西都能夠吸引牠們的注意力。

1 歲起

這時建議安排運動量較大的遊戲方法，才能夠滿足貓咪的狩獵本能。同時也有助於消耗多餘精力。

熟齡貓

關節開始變弱，相較於激烈的玩耍，建議選擇貓咪喜歡的玩具，以維持適度活動量為主要目標。

(!)

平常看起來很慵懶的貓咪，有時會表現出令人訝異的高度運動能力，其中最優秀的就是跳躍能力。舉例來說，即使是很高的貓跳台，貓咪也可以在完全沒有助跑的情況下跳上去。因此邊玩耍邊欣賞貓咪的運動能力，也是養貓的一大樂趣。

POINT 1 　重視貓咪間的玩耍

家中飼養多隻貓咪時，平常要不是有幾隻玩在一起，就是會互相追逐。此外貓咪也會透過與同伴打架，慢慢學會拿捏力道。因此多貓飼養有助於避免運動量不足。

POINT 2 　用貓跳台打造遊樂場

多貓家庭設置貓跳台可有效增添貓咪的運動量，因為貓咪之間沒有明確的上下關係時，有時會爭奪最高的位置。但是設置貓跳台時，要注意做好固定工作避免翻倒。

POINT 3 　看家期間的玩伴

家裡只養一直貓時，各位難免會擔心貓咪看家時太孤單吧？但是多貓家庭就沒有這種困擾了，因為即使飼主不在家，貓咪們也會歡樂玩耍，或是依照貓界規矩安穩度日。

打架、嬉鬧、你追我趕⋯⋯

多貓飼養有助於增加運動量

喵嗚 PLUS POINT

多貓家庭中的貓咪若感情差到無時無刻在打架時，建議先分開飼養在不同房間，直到對彼此的記憶淡薄為止。如此一來重逢時，關係理應會親近一點。

POINT 1　養在室內的貓咪不需要散步

平常都養在室內的貓咪，沒必要穿上背帶出門玩耍。一來是貓咪不需要散步，二來是這麼做會伴隨許多風險。

POINT 2　室內玩耍就相當足夠

狗狗需要在能夠盡情奔跑的寬闊場地活動，但是貓咪本來就沒有在寬闊場地奔跑的習性。

POINT 3　出去玩的風險①

很多人即使讓愛貓穿上背帶，仍發生了脫逃或受傷的問題。此外貓咪在外面跑掉的話，當然也會伴隨著交通意外的風險。

POINT 4　出去玩的風險②

散步過程中可能會中毒（植物、化學物質）或是罹患傳染病（細菌、病毒、蟎蟲、跳蚤等）。

貓咪需要出外散步嗎？
請以不出門、室內玩耍為原則！

喵嗚 PLUS POINT

貓咪曾經在外流浪過的話，有時無論飼主多麼努力，都會因為完全關在家中而造成壓力。所以請將穿上背帶散步，視為遇到這類情況時不得已的選擇。

POINT 1　專注陪玩時就選用逗貓棒

逗貓棒型的玩具，能夠刺激貓咪天生的狩獵本能。但是操作逗貓棒也得耗費體力，因此比較適合要在短時間內專心陪玩時。

POINT 2　會發光的玩具適合夜晚

貓咪在昏暗的場所也能夠看得很清楚，並對動作產生反應，而發光型玩具就利用了這項特徵。有能夠照射光點在牆壁、沙發或地板等讓貓咪追逐的類型，也有邊發光邊轉動的球等，這類玩具的優點就是任何場所都可以玩，且非常適合夜晚。

POINT 3　發出聲音的玩具自己玩

除了啃咬或拍打時會發出聲音的寵物專用玩偶外，還有貓咪追逐或翻動時會發出鈴聲的類型。這類玩具的聲音種類相當豐富，從唰唰聲到鳥叫聲都有，要讓貓咪「自己玩」的時候就能夠派上用場。

喵嗚　PLUS POINT

業者從貓咪在紙袋或紙箱中玩耍的模樣獲得靈感，創造出了許多玩具，其中只要在裡面走動就會發出沙沙聲的貓隧道更是受歡迎。

選購玩具的條件

為愛貓選購玩具時，最應注重的當然就是安全性與耐久性。無論愛貓多麼喜歡，只要安全性太低或是容易壞掉的都應避免，此外也得依貓咪的年齡選擇適當的種類。

高度安全性

這裡請特別留意玩具上的繩子、鈕扣或五金等，是否會讓貓咪不小心吞進肚子裡。應盡量選擇零件不易脫落也不易被咬斷的類型。

耐久性

玩具一下子就玩壞時，不單是耐久性方面的問題，碎片等可能會害貓咪受傷，所以請選擇不容易壞掉的類型。

依年齡選擇

貓咪對玩具的喜好依幼貓、成貓、老貓等不同階段而異，所以請依貓咪的年齡選擇適當的玩具吧。

!

為愛貓打造能夠盡情玩耍的安全環境，同樣是一大重點。貓咪有追逐的習性，所以最理想的玩耍空間不應有障礙物，也就是說東西愈少愈好，此外也不應擺放花瓶或暖爐等撞到後會有危險的物品。空間裡鋪有木地板的話，則請設置地毯以避免打滑。

我家貓咪對逗貓棒毫不起勁！
關鍵在於「模仿獵物」的動作

POINT 1　誘導出貓咪的「真心」

逗貓棒通常會在繩子或是長棍的前端，綁著猶如釣魚用假餌的玩具。用逗貓棒玩耍時，請仿效釣魚的感覺以刺激貓咪認真狩獵。

POINT 2　模仿動物或昆蟲等的動態

使用逗貓棒時最重要的就是模仿獵物的動作，讓假餌活靈活現。拉動假餌時不要只貼著地上，有時也要搭配在半空中飛舞的動作，模仿老鼠、鳥、魚、飛蟲類、昆蟲等的行動特色以引誘愛貓。

POINT 3　發出聲響

貓咪的聽覺能夠分辨老鼠等所發出的高頻聲音，藉此確認是否有獵物出沒。因此使用逗貓棒時，也請透過用假餌摩擦地面等方式，發出沙沙、砰砰、啪啪等聲響。

喵嗚
PLUS POINT

貓咪能夠精準觀察眼前的物體，測量出彼此間的距離，並可180度旋轉耳朵以判斷正確的聲音來源，而這些都可以說是貓科動物特有的能力。

能夠誘發愛貓認真狩獵的動法

如果逗貓棒前的假餌是青蛙或蟋蟀時,可以在地面上不規則彈跳。如此一來,貓咪就會觀察假餌的動作,測好距離後就一口氣撲過去。其他類型的假餌,同樣可以像這樣模仿真實動物的動作。

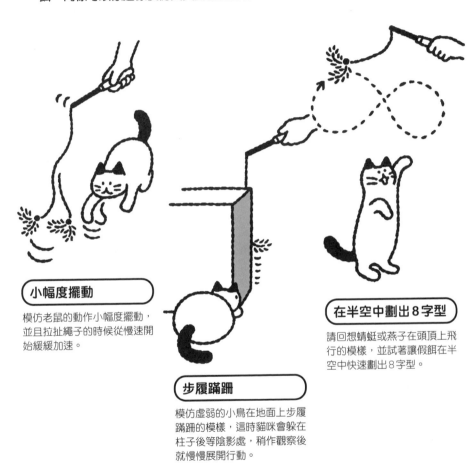

小幅度擺動

模仿老鼠的動作小幅度擺動,並且拉扯繩子的時候從慢速開始緩緩加速。

步履蹣跚

模仿虛弱的小鳥在地面上步履蹣跚的模樣,這時貓咪會躲在柱子後等陰影處,稍作觀察後就慢慢展開行動。

在半空中劃出 8 字型

請回想蜻蜓或燕子在頭頂上飛行的模樣,並試著讓假餌在半空中快速劃出 8 字型。

! 野生貓咪主要會在黎明或傍晚等昏暗的時段狩獵。生物體內有種專門感應光線的視桿細胞,據說貓咪的視桿細胞是人類的 6～8 倍,因此在黑暗中依然可以視物。家貓每到傍晚就變得活潑,或許就是繼承自野生時代的習性。

讓貓咪尋找藏起來的點心── 覓食型玩具的樂趣

POINT 1　刺激狩獵本能

這種玩具可以在蓋子下方或狹窄處放置零食，貓咪必須滑動蓋子，或是將前腳伸進狹窄處才能夠取得零食。這種覓食型的玩具，有助於刺激貓咪的狩獵本能。

POINT 2　從遊戲中學習

有些覓食型玩具必須用前腳或嘴巴避開板子上的障礙物，才能夠取得零食。據說這種玩具能夠幫助貓咪提升獲得零食的滿足感，同時也有助於貓咪宣洩壓力。

POINT 3　飼主也能夠同樂

飼主可以將零食擺放或藏在愛貓不易取得的地方，光是在擺放時想像愛貓努力想取得零食的模樣，飼主本身也會覺得很開心。這種做法同時還能夠刺激飼主的腦部。

喵嗚 PLUS POINT

覓食型玩具非常適合忙碌得無法經常陪玩的飼主，只要事前藏好零食，貓咪自然會自己挑時間去尋找，如此一來，貓咪自己也能夠玩得很開心。

種類五花八門！貓咪的益智遊戲

這裡要介紹的是專為貓咪開發的益智遊戲，透過在玩耍中取得零食，提升貓咪的生存技能與運動能力。近年市面上多了許多不同目的的益智遊戲，選項大幅增加，所以一起來看看有哪些貓咪益智遊戲吧。

翻轉型

不將 5 個杯子都翻過來，就吃不到全部飼料或零食的玩具，可望防止貓咪吃得太快。

轉動型

裝在球中的零食會在轉動過程中掉落，能夠讓貓咪邊玩耍邊學習轉出食物的方法。

滑動蓋板型

這種會將零食藏在滑動式蓋板下的玩具，一開始必須先敲開蓋子，讓貓咪知道裡面會放食物。

!　構造太過複雜的益智遊戲，可能讓貓咪努力許久都拿不到食物，就乾脆放棄並對其失去興趣。所以為愛貓選擇益智遊戲時，必須考量到愛貓的專注時間，且最好從簡單的開始嘗試。

POINT 1 | 別忘了獎勵

透過適時拍打響板（敲打時會發出聲音的小板子），讓貓咪依飼主的指令做出特定行為的溝通方式，就稱為響板訓練。拍打響板後，可別忘了給與獎勵。

POINT 2 | 善用古典制約

只要聽到響板聲就會有好事發生——只要貓咪產生如此聯想，就能夠看見響板訓練的效果。當愛貓確實做出期望的行為時，就提供獎勵讓貓咪感到滿足，而這種訓練法對貓咪來說也是一種遊戲。

POINT 3 | 藉由稱讚訓練貓咪

貓咪會記下飼主認同的（會稱讚的）行為，並在下次聽到響板聲的時候，做出同樣的行為。也就是說，訓練貓咪時應使用「讚美」而非「斥責」。

喵嗚 PLUS POINT

響板訓練的理論基礎之一「古典制約」（Classical conditioning），是指將過去的經驗連結其結果，後續再遇到相同事件時，也會反射性聯想到該結果。

60

響板訓練或許也能帶來這種效果？

適度的訓練能夠讓飼主與貓咪間的交流更加豐富，舉例來說，貓咪或許可藉此習得「握手」、「坐下」等以前辦不到的才藝。

坐下

每次說出「坐下」時，就將零食拿到貓咪的頭上，引導愛貓抬頭並坐下後，就敲擊響板並餵食零食。

握手

貓咪坐著時，像握手一樣地抬起貓咪的左前腳，同時輕聲說著「握手」，並在貓咪抬著前腳的狀態下敲打響板後再餵食零食。

擊掌

每次餵食零食前就引導愛貓抬起前腳，等貓咪一伸出前腳就伸出手掌輕拍肉墊，成功後就餵食零食吧。

(!)--

貓咪沒興趣時，就請立即停止響板訓練，否則強行訓練只會造成壓力。此外，執行響板訓練時，應特別留意別在愛貓什麼事情都沒做的情況下餵零食，務必要讓貓咪聽到響板聲後再餵食。

有效運用貓咪喜愛的木天蓼，
解決運動不足與壓力問題

POINT 1 | 改善運動量不足

貓咪嘗到木天蓼時會亢奮得跑來跑去，所以能夠改善運動量不足的問題。有些貓咪會面露恍惚或是猶如醉漢，但是這都只是暫時性的效果，不必擔心。

POINT 2 | 有助於消除壓力

藉木天蓼讓貓咪盡情運動有助於消除壓力，食慾不振時也有促進食慾的效果。此外，據說讓貓咪啃食木天蓼能夠刺激腦部，對熟齡貓來說有減緩老化的效果。

POINT 3 | 逗貓咪開心

愛貓沒精神時餵食木天蓼，就會心情大好地發出呼嚕呼嚕聲，並以背部磨蹭地面或是伸展身體，全身上下都表現出喜悅。

喵嗚
PLUS POINT

注意！大量餵食木天蓼可能造成中樞神經出現異常麻痺，嚴重時甚至造成呼吸困難，所以必須特別留意。考量到安全問題，建議等貓咪的嗅覺與神經系統都已經發育完成的1歲之後，再以1週2次的頻率餵食。

市面也有添加木天蓼的玩具！

木天蓼有增加運動量、消除壓力、增進食慾、減緩老化等各式各樣的效果，因此用來增加貓咪生活樂趣的玩具中，也有搭配了木天蓼的類型。而這邊要介紹的是價格合理，且能夠輕易取得的木天蓼商品。

粉末型

愛貓食慾不振時，將木天蓼粉撒在食物上，有時貓咪就會開心進食。此外在玩具上撒些木天蓼粉，也會吸引貓咪開始玩耍。

樹枝型

貓咪會嗅聞後開始啃咬玩弄。飼主將木天蓼樹枝拋向遠處時，貓咪甚至會衝過去叼回來，如此一來就有助於充足運動。

噴霧型

用木天蓼萃取液製成的噴霧，噴灑在玩具上會吸引貓咪飛撲或是抱著踢。噴灑在地毯上時，貓咪則會在上面打滾。

(!)

除了前面介紹的商品外，市面上還有專門讓貓咪抱著踢的玩偶，裡面就裝有木天蓼的果實，會吸引貓咪啃咬、飛撲或抱著踢。而這類玩具沾到太多毛或是髒掉後，通常能夠拆下枕套清洗。

POINT 1　沙沙聲會刺激好奇心

摩擦紙袋或塑膠袋時產生的沙沙聲，能夠刺激貓咪的好奇心。飼主攤開或折疊報紙時貓咪會靠過來，也是因為對報紙的摩擦聲很有興趣所致。

POINT 2　開孔會刺激本能

貓咪看到紙袋、包包、茶壺、大瓶子等有開孔的物品就會心癢癢的，忍不住去嗅聞或是伸進前腳、頭部。這是因為野生時代的貓咪，會捕捉藏在洞穴中的老鼠等獵物，所以狩獵本能會在看到開孔時受到刺激。

POINT 3　箱子能夠提供安全感

箱子這類狹窄昏暗的場所，比較沒有遭外敵襲擊的風險，所以貓咪會想躲進去確保安全。因此現代貓咪喜歡爬到樹上或躲進櫃子裡，或許也是繼承自祖先的危機管理技巧。

喵嗚
PLUS POINT

貓咪很喜歡將頭伸進塑膠袋，但是有時塑膠袋會纏住貓咪的身體，所以請務必留意。貓咪鑽進塑膠袋後嚇到可能會發生憾事，因此發現愛貓鑽進塑膠袋後請別移開視線。

POINT 1 　自製貓屋

一起活用不需要的紙箱，親手打造出貓屋吧！將多個紙箱組裝在一起，就能夠在沒有太多花費的情況下製作貓咪遊樂場，是眾所矚目的好方法。紙箱貓屋的製法與種類，請參照POINT 2起的介紹。

POINT 2 　箱型貓屋

只要在紙箱上割出方形或圓形的出入口即可，只要縱向或橫向排列多個紙箱，就能夠打造出多貓家庭的貓公寓。

POINT 3 　塔型貓屋

只要縱向堆疊貓紙箱並固定好，塔型貓屋就宣告完成。除了橫向或縱向連接外，在連接牆上挖洞讓貓咪自由往來，就成了貓咪版攀爬架了。

POINT 4 　隧道型貓屋

橫向排列紙箱並在連接牆上挖洞，讓貓能夠自由往來的話，就成了隧道型的貓屋了。

網購紙箱活用術！
用紙箱打造貓屋遊樂場

喵嗚
PLUS POINT
親手製作塔型貓屋時，在下層貓屋擺放有點重量的坐墊會比較穩固。

POINT 1　在頭上迴旋的玩具

貓咪會對頭頂上飛舞的東西產生反應，有時甚至會用後腳站起，試圖以前腳抓捕。所以請各位試著甩動逗貓棒，讓玩具在愛貓頭頂飛來飛去吧。

POINT 2　只聞其聲，不見其人

貓咪有時會因為好奇心而雙腳站起觀望，所以請躲在遠一點的位置或是在高處呼喚愛貓吧！如此一來，貓咪就會一臉「鏟屎官在哪？」的表情，用雙腳站起觀察四周。

POINT 3　發光的玩具

用筆型手電筒將光線打在約與貓咪頭部同高的牆壁或窗戶上晃動，貓咪就會著迷地追逐光點。當光點落在較高的位置時，有時貓咪就會試著用後腳站起並揮舞前腳。

喵嗚
PLUS　POINT

貓咪的後腳肌肉以及用來調整重心或迴轉的身體器官發達，平衡感相當卓越，因此能夠在後腳站立的狀態下靜止或是走動幾步。

這種時候也會雙腳站立！

貓咪除了玩耍會雙腳站立外，日常生活也偶爾會有需要這麼做的情況發生，這裡就來聊聊貓咪這方面的行為模式吧。

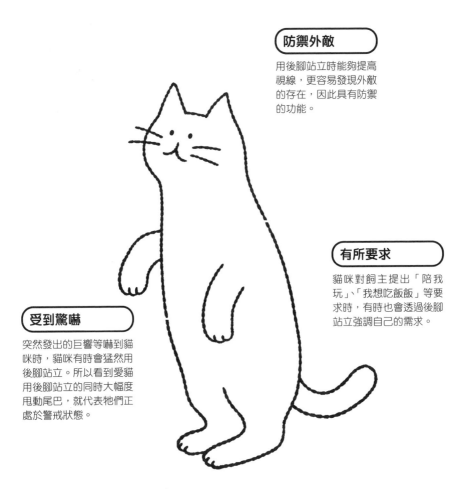

防禦外敵

用後腳站立時能夠提高視線，更容易發現外敵的存在，因此具有防禦的功能。

有所要求

貓咪對飼主提出「陪我玩」、「我想吃飯飯」等要求時，有時也會透過後腳站立強調自己的需求。

受到驚嚇

突然發出的巨響等嚇到貓咪時，貓咪有時會猛然用後腳站立。所以看到愛貓用後腳站立的同時大幅度甩動尾巴，就代表牠們正處於警戒狀態。

（!）胖貓咪用後腳站立時，會對關節造成相當大的負擔；骨骼變形的老貓咪可能會因疼痛而無法以後腳站立。家中貓咪有這些情況時，強行引誘牠們站起只會釀成壓力，所以請特別留意。

POINT 1　別錯過稍縱即逝的快門機會

「如果有把剛才那一幕拍下來就好了！」經常與愛貓相處的飼主，是最有機會捕捉到各種經典畫面的人，所以有預感決定性的瞬間會降臨時，就請先備妥手機或相機，接著就盡情地連拍，遵守「亂槍打鳥」的精神。

POINT 2　焦點對準貓咪的眼睛

拍攝貓咪時的原則與拍攝人類相同，焦點都要對在眼睛上。只要焦點確實對準能夠影響整張臉形象的眼睛，拍出來的照片就會更加自然俐落。

POINT 3　捕捉貓咪的視線

專業攝影師在拍照時常常會提示視線方向或眼神，但是貓咪的視線可沒這麼好掌控。這時不妨用手機或相機做出閃爍的光線，或是用袋子等搓出沙沙聲等吸引貓咪注意力。

喵嗚　PLUS POINT

貓咪的動作非常快且難以預測，所以拍攝貓咪時建議使用相機的「動態影像對焦（自動AF）功能」或是手機的「連拍模式」。此外陰天、傍晚、在家裡等光線比較不足的情況下，則建議提高ISO感光以提升快門速度。

拍攝貓咪時想增加光線的話……

具夜行性質的貓咪喜歡在昏暗狹窄處行動,因此拍攝貓咪時難免會想使用閃光燈,這邊要介紹幾項使用閃光燈拍貓的注意事項。

打造眼神光時的注意事項

想要藉由光線增添貓咪眼睛中的光彩時,相機的話建議搭配「錄影用 LED 燈」,手機則請搭配可以調光的補光小道具。一開始請先使用微弱的光線,等貓咪的眼睛適應後再慢慢視需求調節光量。

嚴禁近距離補光!

黑暗中突然有強光時,眼睛會沒辦法適應對吧? 貓咪也是一樣,所以即使是手機,也請避免在黑暗中突然用光照射貓咪。

可以搭配打光板

想在室內拍攝貓咪卻面臨光線不足時,可以試著搭配打光板吧。這時保麗龍蓋等白色板子就相當夠用,不必準備專業拍照用的打光板。

> (!) 與其說「不必用到專業打光板」,不如該說「別用專業打光板比較好」。突然拿出雪白又會反光的物品,肯定會刺激貓咪的好奇心,引來亢奮的拳打腳踢,所以請使用被破壞也無妨的替代用品吧。

POINT 1 「喵～喵～」是表達需求

貓咪表達「我想吃飯」、「我想出去」等強烈欲望時會喵喵聲連發，這時不妨問問愛貓：「肚子餓了嗎？那我來準備飯飯囉。」「哎呀，你想散步嗎？」

POINT 2 「唰」代表生氣了！

貓咪就像用力吐出一口氣地發出「唰」的聲音時，就代表發出警告：「不准靠近！」這時頂多說句「哎呀，心情不好喔？」就夠了，接著就靜待愛貓冷靜吧。

POINT 3 「喵噢～」代表發情！

貓咪發情時會用沉重宏亮的「喵噢～」聲尋找對象，背後代表的是「我想談戀愛」之意，這時不妨用「哎呀，又是戀愛的季節呢」附和。

POINT 4 「喵」是發語詞！

貓咪要吸引他人注意時也會用「喵」當發語詞，因此如果是一開始語氣較微弱的「喵」，就形同「我跟你說喔」這種發語詞，如果語尾上揚就通常代表有什麼需求。

呼嚕聲的登場時機

貓咪被飼主摸得很舒服，或是被抱著很開心時，喉嚨一帶就會發出「呼嚕呼嚕」的獨特聲音。眾所周知，這代表貓咪滿心喜悅，但是其實呼嚕聲也會在其他情況下發生。

母子溝通

這是貓咪發出呼嚕聲的最基本情況。母貓會藉此叫孩子來喝奶，幼貓則會用來向母親表達「好好喝」。

有所要求

貓咪想吃飯或希望陪玩時，也會回歸童心，透過喉嚨發出很大聲的呼嚕聲。

覺得不舒服

貓咪身體不舒服時，也會發出呼嚕聲，據說這種低頻的聲音有助於提升身體的自癒效果。

呼嚕呼嚕

(!) 貓咪呼嚕聲是透過聲帶下方的某處肌肉震動發出，因此能夠邊呼嚕邊喵叫。此外目前已知呼嚕聲的震動是每秒26下，且為20～50赫茲的低頻聲。

POINT 1 「想玩」、「好奇」

貓咪想玩耍時，會睜大雙眼且耳朵、鬍鬚拉直，有時還會反覆舔舔飼主。鬍鬚朝前且眼睛稍微瞇細，同時耳朵朝著有興趣的目標小幅度擺動時，就代表牠們正處於非常好奇的狀態。

POINT 2 「我心滿意足♡」

貓咪曬日光浴時，通常會露出這樣的表情──嘴角放鬆、鬍鬚垂著、耳朵稍微朝外的模樣。當貓咪半瞇著眼睛且愈瞇愈細，看起來似乎很想睡時，就代表牠們感到心滿意足或是很陶醉。

POINT 3 「嚇壞我了！」

突如其來的劇烈聲響，或是獵物突然出現時，貓咪就會瞪大雙眼且瞳孔變寬，鬍鬚則會朝著後側，這代表貓咪受到驚嚇。此外如果是被乍然響起的聲響嚇到，耳朵也會立刻朝往聲音來源。

喵嗚 PLUS POINT

想要分辨貓咪的心情，就要留意眼睛、耳朵與鬍鬚這3處。貓咪的眼睛會隨著心情變圓或變細，耳朵、與皮膚底下表情肌相連的鬍鬚，同樣會表現出貓咪的情緒。

尾巴也是貓咪的情緒天線

貓咪是會用全身表現情緒的生物。平常除了留意貓咪的表情外,也多注意尾巴的狀態就能夠解讀牠們的心情。貓咪平靜時尾巴會下垂,但是有時卻會垂直豎起或是彎曲成倒 U 形,所以請仔細觀察愛貓的尾巴吧。

撒嬌時

貓咪想吃飯或撒嬌時,尾巴會筆直豎起。豎直尾巴且尖端不斷顫動時則是在示好。

嫌煩、心情不好時

貓咪懶得回應飼主時僅會擺動尾巴尖端,如果持續以 1 秒的間隔左右擺動時,就代表牠們心情不好。

威嚇！投降……

貓咪整條尾巴的毛都從根部倒豎,看起來非常蓬鬆時就代表威嚇;但是如果將尾巴藏在雙腿之間就代表投降。

(!) 貓咪之間的關係同樣可以從雙方舉止與尾巴狀態瞧出端倪——接近處不來的同伴時尾巴會下垂,且會盯著對方的眼睛瞧。認為自己比較強時,就會挺直腰部看著對方;相反地,貓咪認為自己比較弱時就會彎腰,太過害怕時還會縮成一團。

POINT 1　將飼主視為母親時

貓咪嗲聲靠近飼主時，就是將飼主視為母親，因此回歸了童心，這時貓咪通常渴望著「媽咪的疼愛」。

POINT 2　將飼主視為孩子時

據說貓咪會將捕獲的昆蟲或是小鳥等放在飼主面前，是將飼主視為不懂得狩獵的孩子，所以才代為覓食。

POINT 3　將飼主視為同伴時

貓咪想找飼主陪玩或是一起玩耍的過程中，會認為自己與飼主屬於對等的關係，就如同兄弟姊妹或朋友。這時請將自己當成愛貓的朋友，陪愛貓盡情玩耍吧。

喵嗚 PLUS POINT

有時對愛貓說話時會慘遭無視或是被嫌煩，這時可能代表貓咪內心的「野性」浮現，所以才會覺得飼主「很煩」。貓咪的狩獵慾望放大到一定程度時，不會理會飼主的呼喚，甚至會偏好獨處，跑到窗邊眺望著窗外等。

這些行為背後都是有原因的！

貓咪會對初次見到的事物產生警戒，同時又會好奇到底是什麼。此外一旦對某物有過慘痛的經驗，牠們就會極度抗拒並極力閃避，有時甚至做出飼主意料之外的舉止，所以請格外留意。

努力嗅聞

貓咪會因為警戒心與好奇心的刺激，努力嗅聞目標物以確認到底是什麼。如果是箱狀或袋狀物品，貓咪還會鑽進去裡面進一步確認。

探索

有時更動住家擺設後，貓咪就會叩起來四處探索，藉此決定自己的地盤，並且確認自己是否安全。

無法忽視洞穴型的物品

貓咪發現袋子、包包或瓶瓶罐罐時，就會情不自禁地把頭伸進去確認，這是因為自古老鼠與昆蟲都會躲在洞穴裡所造成的習性。

貓咪的好奇心旺盛，但是卻會極力逃避曾有過負面經驗的人事物。舉例來說，貓咪曾經被吸塵器嚇到的話，就會很討厭吸塵器。曾經在浴缸差點溺水時，就不願意再靠近浴缸了，這是因為本能告訴牠們：「重蹈覆轍是會致命的。」

特輯 與貓咪一起防災、減災

最新寵物防災用品

這邊以避難時會伴隨環境變化，且貓咪的水＆糧食不足為前提提出建議，優先準備①攸關貓咪性命與健康的物資、②貓咪與飼主的相關資訊。

①包括食物、藥物、水、排泄物處理用品、如廁用品、外出袋或外出籠、餐具、備用項圈與牽繩等，②則是記錄了飼主聯絡資料、其他緊急連絡人、寄養貓咪的地方、貓咪的照片、疫苗接種狀況、病史、服用中的藥物、常去的動物醫院等的筆記。

第77頁至78頁將進一步介紹其他實用的防災用品。

① 攸關貓咪性命與健康的物資

② 貓咪與飼主的相關資訊

和喵一起避難去

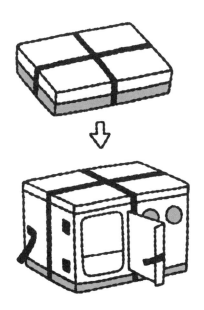

超方便犬貓防災布巾

方便攜帶的組合式籠子，可以折起來放在托特包裡，僅3kg的重量相當輕巧。不必使用任何工具，任誰都能夠在1分鐘內輕易組裝完成，能夠避免因沒有籠子而遭避難所拒收的風險。這款高43cm、寬68cm的組合式外出籠附有便盆，空間相當充足，能夠在滿足排泄需求的同時讓貓咪擁有充足的空間。

（※此簡易避難籠的日文商品名為「いっしょに避にゃん」，本書出版時台灣尚未引進，有需求的讀者可查詢亞馬遜網站）

長寬約110cm的正方形布巾，塑膠材質的撥水性極佳，可以防寒、當成揹巾、墊子或是覆蓋在外出袋上以遮蔽貓咪視線等，用途相當廣泛。布巾上方印有四處資訊，分別是使用方法、防災用品確認清單等有助於防災的資訊，中央則可以書寫貓咪與飼主的相關資訊。

BOUSAI GO BAG

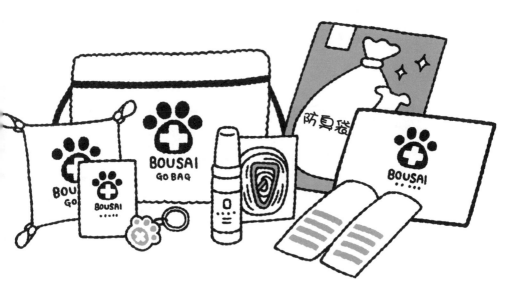

業者在災區實地調查後，嚴選了6間寵物用品品牌的商品（不含食品），組成這款了齊全又方便攜帶的寵物防災包，內容物包括奈米纖維毛巾、折疊式水盆、綁繩、牽繩、擦澡紙巾、排泄物防臭袋、除臭噴霧、附QR Code的名牌這8項用品。

（※ 此寵物防災包在本書出版時尚未引進台灣，有需求的讀者可查詢日本樂天網站）

災害發生時該怎麼辦

災害發生時，請先確保自身與家人的安全吧。飼主與家人平安，才有餘力可以守護愛貓。在自身安全的情況下，請想辦法安撫愛貓，避免貓咪因為突如其來的災害而滿心不安地逃跑，甚至因此受傷。

政府提供的救災物資可能得花數天才能夠到達，請飼主在這之前努力憑自己的力量，或是與其他飼主互助合作以守護愛貓吧。

同行避難的流程

環境省《你和寵物在災害中是否無恙？人與寵物的防災指引〈一般飼主篇〉》

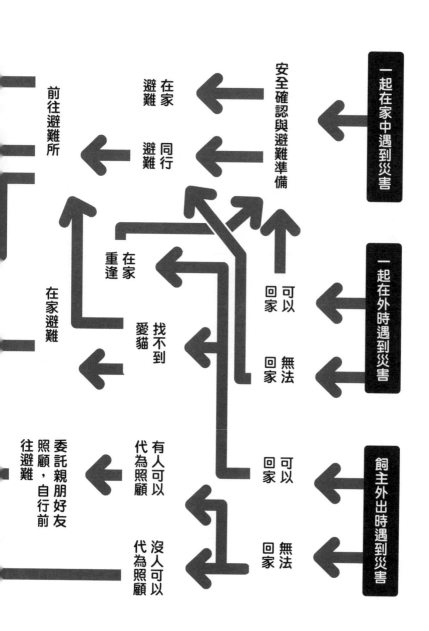

一起在家中遇到災害 → 安全確認與避難準備 → 在家避難 / 同行避難 → 前往避難所

一起在外時遇到災害 → 可以回家 → 在家重逢 → 找不到愛貓 / 無法回家 → 在家避難 → 前往避難所

飼主外出時遇到災害 → 可以回家 / 無法回家 → 有人可以代為照顧 / 沒人可以代為照顧 → 委託親朋好友照顧，自行前往避難

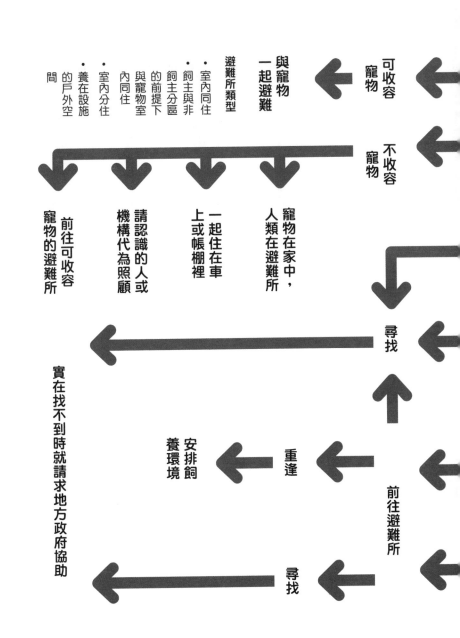

與貓咪一起
在避難所生活

必須前往避難所時，得帶著貓咪一起前往，在日本有個專門稱呼為「同行避難」。同行避難時必須將貓放在外出籠或小型籠子，且要用牛皮紙膠帶等固定籠門，避免打開。

讓寵物與飼主生活在相同的空間裡，就稱為「同伴避難」，但不是每間避難所都會允許，有時在等待進一步安排時就得與愛貓分住不同區域。實際運作方式依避難所而異，請務必遵守規範。由於很多避難所會將貓咪與其他動物集中在相同空間，所以也請準備貓咪與飼主的相關資訊以備不時之需。

82

請在下列表格填寫寵物與飼主資訊後，和防災用品放在一起吧

寵物資訊		
臉部特寫照片 （最好有飼主入鏡）	全身照片 （最好可看清楚花紋或尾巴形狀等特徵）	
名　字		性　別	公・母／結紮　未・已
品　種		體　重	
毛　色		出生年月日	（　　）歲
晶　片	未・已（編號　　　　）	狗牌編號	（犬）
疫苗接種	未・已（類型　　　　　　　）最近接種日期　年　月　日		
病　史	（慢性病、正在服用的藥物、過敏等）		
個　性			
特　徵			

飼主資訊		
姓　名		同住家人的姓名	
電　話	住宅	手機	
信　箱	①	②	
地　址			
緊急聯絡人		電話	
常去的動物醫院		電話	

日常應做好的防災準備

為了在突如其來的災害中守護愛貓的安全與健康，平常就應做好準備。教會愛貓在特地位置上廁所、習慣外出籠或籠子、熟悉其他人或動物等，不僅能夠避免造成他人困擾，也有助於減輕貓咪本身的壓力。

此外貓咪在避難所接觸到其他動物的機會大增，所以日常的健康管理也相當重要，像是接種疫苗並驅蟲可降低愛貓患病的風險，結紮可避免不必要的繁殖並減輕嚎叫造成的困擾。

下面將介紹建議備妥的防災用品。

晶片

直徑 2 mm、長 10 mm 的圓筒狀電子標籤，記載了特有的識別編號數據，藉專用掃描器讀取資訊後，馬上就可以得知貓咪與飼主的資訊（必須登記）。植入費用為 300 元，登記費用為已結紮 500 元、未結紮 1000 元。（※編註：此為台灣費用一例，僅供參考）

防走失名牌

通常會裝在項圈上，所以建議選擇較輕的類型。布製且是將資訊手寫在紙張上的類型，就輕巧且易於裝在項圈上。愛貓不喜歡有東西懸垂在項圈時，選擇可以繞在項圈上的帶狀名牌，理應能夠減輕對貓咪造成的壓力。

項圈

項圈不僅是家貓的證明，還能搭配防走失名牌貨鈴鐺。等貓咪長大後才開始戴項圈有時會造成壓力，所以建議從愛貓還很小的時候就開始配戴。此外也應準備幾個換洗用的項圈，才能夠保持清潔以預防皮膚炎等。

第 **3** 章

上了年紀也要開心過日子！

貓咪的「老化」

POINT 1 　打造無障礙廁所

貓咪的排泄狀態會透露出很重要的健康資訊，所以請各位仔細觀察愛貓如廁的模樣。舉例來說，排泄在便盆以外的原因如果是貓咪無法順利跨進便盆的話，就請確認是關節炎還是老化造成的肌力降低等其他原因，並且盡量為愛貓減少高低差。

POINT 2 　貼心的食物放置法

如果貓咪的運動能力或身體機能是因為老化而變差時，就請各位飼主想辦法帶領愛貓動一動。例如：將水或食物分裝成小份擺在不同地方，或是擺在稍微帶有高度的位置，讓貓咪每次想進食或喝水時就得多走幾步路或是跳上跳下。

POINT 3 　活化腦力的遊戲

貓咪從高齡期開始專注力與體力都不持久，所以建議在用餐前安排1～5分鐘的遊戲或運動時間。貓咪上了年紀後仍保有狩獵本能，因此請藉由逗貓棒、貓隧道、附有鈴鐺或會發出聲音的玩具等讓愛貓亢奮，刺激牠們的腦部。

喵嗚 PLUS POINT

高齡期貓咪最需要的就是舒適睡床、安心場所以及與飼主的適度距離感。雖說對愛貓說話與交流都很重要，但是抱著貓咪不放或是過度關注都會造成壓力。

顯現老化警訊的地方

貓咪年紀大了之後動作變慢、活動量減少是正常的事情，這裡要告訴各位日常生活中可見的老化警訊。

不再到處跑跳

實際情況依個體而異，但是活動量基本上都會在步入中年起減少。老年期開始會因為肌力變差而不太愛動，然而不動又會使肌力進一步衰退，在如此惡性循環下，貓咪就會漸漸無法前往高處或是跳躍失敗。

眼睛、牙齒、爪子與被毛產生變化

貓咪上了年紀後，眼睛的虹膜與水晶體都會產生變化，此外還有牙齒發黃、爪子變厚、掉毛增加、被毛變亂、臉周出現白毛等。

逐漸失去好奇心

貓咪年輕時很喜歡玩玩具，也會對各種事物產生好奇心，然而上了年紀後就逐漸對遊玩失去興趣，就算看到動態物體等會興致勃勃地以視線追蹤，專注力卻變得不持久。

(!) 運動能力變差與睡眠時間增加等老化警訊都類似疾病的初期症狀，有時或許很難分辨，所以請各位不要輕易做出「因為老了」這種結論，必須仔細確認愛貓的健康狀態，包括是否會痛？全身狀態是否出現什麼變化？只要有任何不對勁的地方，就應立刻帶去看醫生。

每日的飲水量、食量以外，
也要留心老貓咪的呼吸

POINT 1 　留意飲水量

貓咪每天必須攝取的水量是體重
每 1 kg 約 50 ㎖，腎臟機能變差
時就會特別想喝水，因此請每天
檢查愛貓的飲水量吧。將水倒進
容器前先用量杯確認，隔天換水
時再倒回量杯，就能夠透過剩餘
量確認愛貓每日的概略飲水量。

POINT 2 　食量增減都須留意

貓咪有時會因壓力而食慾變差，但是真的不太進食
時，則可能是生病了或是口腔不舒服。相反的異常
暴食則可能是罹患糖尿病，如果大吃大喝仍消瘦的
話，可能是甲狀腺方面的疾病。

POINT 3 　呼吸紊亂＝危險警訊

貓咪平均呼吸數是 1 分鐘約 20～30 次，所以日常
請先確認愛貓的正常呼吸次數，接著就應每週檢查
1 次是否有明顯變化。貓咪張開嘴巴粗喘時則代表
相當危險，請儘早帶去看醫生。

喵嗚
PLUS POINT

貓咪通常是用鼻腔呼吸，所以張開嘴巴呼吸通常代
表貓咪身體出問題了。此外如果只是打 2、3 次噴
嚏就無所謂，如果持續不斷
或是伴隨著鼻水等症狀，則
可能是感冒了。

從日常接觸發現愛貓的不適

10歲開始進入高齡期的貓咪，就等同於人類的老年人。即使每天精神奕奕，離貓咪最近的飼主仍應仔細守護、接觸與照顧，藉此掌握愛貓的身體狀況。

觸摸愛貓的身體

觸摸愛貓的話，就能夠透過被毛的觸感，確認是否保有光澤或是掉毛、被毛變稀疏等情況。此外還可以摸出皮膚的觸感是否變粗糙（溼疹等皮膚問題）、硬塊或腫起等。

仔細觀察臉部

貓咪的眼屎通常為褐色或淺褐色，特別白或是呈黃色、黃綠色時就屬於異常，可能是感冒等疾病所致。眼睛白膜外露時，則代表貓咪身體狀況不佳。

仔細觀察行為

總是在睡覺、睡醒時不伸懶腰、不太理毛或是總是清理特定部位時，就可能是不適或疼痛使貓咪不太想動。

(!) 貓咪牙齦與口腔黏膜正常為粉紅色，但是實際色澤依個體而異，最重要的是和平常是否不同，像是發腫、口臭或流口水等都屬於異狀。如果貓咪步履蹣跚或是四肢運動突然變弱、無法跳上以往都能輕鬆前往的高處時，則可能是關節出狀況或生病了。

POINT 1 讓貓咪攝取充足水分

祖先居住在沙漠的貓咪，即使體內水分很少仍可正常運動。但是水分愈少則尿液愈濃，容易引發膀胱炎、尿路結石等疾病。希望愛貓長壽時，可別放任愛貓不喝水，必須想辦法引導牠們多喝一點。

POINT 2 至少設置3個飲水處

貓咪不太主動喝水時，就得想辦法拐牠們多喝一些，像是勤加換水且每次都把容器清洗乾淨，且在貓咪常經過的地方至少設置3個飲水處，此外也要準備寬口的容器，避免貓咪在飲水時碰到鬍鬚。

POINT 3 藉由溼食補充水分

為愛貓提供溼食的話，1天必需水分中有大半都可以透過食物攝取，如此一來即使飲水量偏少也無妨。另外也可以將溫水或煮過雞肉的水倒入乾飼料，或是在水中拌入少許鮪魚罐頭的湯汁，增添水的美味程度。

長壽的祕訣是喝水，為愛貓多增加飲水處吧

喵嗚
PLUS POINT

貓咪既喜歡新鮮的水，也喜歡流動的水，所以不妨打開水龍頭讓牠們多喝一點，或是善用會讓水不斷流動的循環式自動供水機。

| POINT 1 | 有時新物品會造成壓力 |

貓咪面對新事物時，會同時產生「很好奇所以覺得興奮」與「因為警戒而備感壓力」這種矛盾的情緒，雖然實際情況依個體而異，不過以老貓咪來說通常是覺得壓力大居多。

| POINT 2 | 不要立刻丟掉舊物品 |

像是飲水容器、貓抓用品等貓咪生活中會直接接觸到的物品，即使換新了也應先保留舊的，並且同時擺出新的與舊的以靜待貓咪適應。

為貓咪更換用品，別太快把舊的物品丟掉！

喵嗚 PLUS POINT

雖說有人會將貓咪帶到寵物用品店，實際確認愛貓與目標商品的契合度，但是貓咪只要外出就很難表現如常，恐怕無法獲得精準成果。除了前述貓咪平常在用的物品外，搬家或環境變化等也會造成壓力，所以愛貓上了年紀後都應盡量避免。

POINT 1　必須攝取蛋白質

熟齡貓的飲食基本為「低熱量」。市面上很多低脂、低蛋白、低鎂商品，但是貓咪每公斤體重所需的蛋白質量是人類的6倍，因此雖然腎臟生病時必須選擇蛋白質含量約25～35%的低蛋白食品，但是貓咪營養不足時則應選擇高蛋白（最多約70%）型食品。

POINT 2　確認原料、熱量等

請為熟齡貓準備比年輕時更優質的食物吧。最理想的是無添加且以肉類、魚類為主原料的食品，熱量（100g約350～384kcal）與脂質（13～20%）則應比年輕時所吃的食物還低。

POINT 3　將溼食列入考量

貓咪年紀大了之後，需要好消化且營養成分符合年紀需求的食物。所以建議考慮比乾飼料還軟，且富含水分的溼食。而溼食也很適合不太會咀嚼或是不太喝水的貓咪。

喵嗚 PLUS POINT

即使是有益健康的食品，只要貓咪不吃就是白搭。所以發現愛貓在更換飲食後食慾變差時，請試著在吃慣的食物中混入少許符合年齡需求的食物，或是在上面撒些貓咪愛吃的佐料。

依貓生階段更換食物的方法

貓咪的生活會隨著時光流逝逐漸改變，為了讓愛貓健康長壽，就必須按照幼年、成年、熟齡等成長階段、老化程度與生活變化等，轉換成適合當下需求的飲食。

滿8週時斷奶

奶貓出生後至4週大期間要攝取母乳，母貓不在身邊時必須餵食奶貓專用奶。4～8週期間，則應慢慢切換成水與幼貓專用高熱量＆高蛋白食品。這段期間可用溫水把飼料泡軟，讓貓咪少量多餐，滿8週後就不再需要喝奶了。

1歲起餵食成貓食品

尚未接受絕育手術的貓咪，從1歲起要改吃成貓食品。已接受絕育手術的貓咪，不必滿1歲就應改餵成貓食品。這裡建議選擇標有「綜合營養食」的食品，才能夠讓愛貓攝取均衡的必需營養素。

換成熟齡貓專用食品

貓咪在7～11歲這段期間，運動量與活動量都會大減，按照原本的飲食容易有攝取過多熱量的問題。這時請確認食品的成分表，愛貓有過胖疑慮時選擇低脂肪＆低熱量的食品，因為年紀大而變小的時候，則挑選高脂肪＆高熱量食品，內臟功能衰退時應改餵好消化＆好吸收的食品，同時也可考慮改餵溼食。

(!) 市面上有形形色色的老貓專用食品，但是透過健康檢查等確認內臟機能沒問題時，就不必急著換成老貓專用食品。

只要維持牙齒健康，
上了年紀也能快樂飲食

POINT 1　1天刷1次牙

動物醫院或寵物用品店，都買得到貓咪專用牙刷。可以的話請每天為愛貓刷1次牙（至少應3天1次），刷牙時請勿用力摩擦，以輕撫的感覺去刷。

POINT 2　從幼貓開始養成習慣

不習慣刷牙的貓咪會相當抗拒，所以請在愛貓年幼時，就多觸碰貓咪口腔或牙齒，讓貓咪循序漸進地習慣吧。愛貓習慣飼主的觸碰後，就可以用紗布纏住手指後稍微沾溼，輕輕摩擦貓咪牙齒表面，順利完成這個動作後，就可以改用貓咪專用牙刷了。

POINT 3　上排牙齒是重點

牙垢特別容易卡在上排後方的第二臼齒與第三臼齒，一旦形成牙結石就必須由醫院處理，所以請特別留意這一帶的清潔。只要掀起嘴巴側邊的皮膚，就能夠看見第二臼齒與第三臼齒，此外刷牙的同時也請溫柔摩擦牙齦。

喵嗚
PLUS　POINT

貓咪實在不願意刷牙時，不妨活用市面上的潔牙商品，例如：顆粒尺寸與硬度都經過調整的潔牙飼料、潔牙玩具，或是噴在口腔即可的潔牙噴霧、塗抹即可的潔牙凝膠等。

盡力預防比蛀牙更恐怖的牙周病吧！

希望永遠享受美食的話，口腔保健是不可或缺的——貓咪與人類都是如此，但是貓咪其實不會蛀牙，那麼刷牙的目的是⋯⋯？

貓咪不會蛀牙！

貓咪的口腔環境為鹼性，且全部都是尖牙也使齲齒菌無法附著，這讓貓咪完全不怕蛀牙。但是牠們比人類更容易形成牙結石，牙垢只要經過一週就會變成牙結石，進而提高罹患牙周病的風險。

非常可怕的牙周病

牙周病起因為牙垢或牙結石裡的細菌，這些附著在牙齒上的細菌，會造成牙齦或牙周組織發炎。即使貓咪沒有牙垢或牙結石，只要罹患了糖尿病、貓白血病、貓愛滋等，仍會因免疫力低下而容易罹患牙周病。

檢查口腔以預防牙周病

牙周病太嚴重時，貓咪會無法進食，有時甚至會溶解顎骨或是造成皮膚穿孔，所以平常請打開愛貓的嘴巴，檢查牙齒根部是否有牙垢或牙結石、牙齦是否有發腫、牙齒是否會搖動、是否有口臭或流口水等問題。發現愛貓僅用單側牙齒撕咬食物時同樣應加以留意。

(!)

牙周病的原因除了刷牙不足外，有時也會完全找不出元凶。所以即使能夠為愛貓刷牙，仍應諮詢日常接觸的醫生，確認是否光靠刷牙就沒問題了。嚴重的慢性牙周病細菌，會隨著血液在體內擴散，有時會對老貓咪的內臟造成傷害。由此可知，牙周病不只是牙齒的問題而已。

POINT 1 兩週檢查1次爪子

貓咪爪子過長時不僅會刺到肉球，還可能勾到窗簾或地毯等而斷裂，或者是抓傷身體造成細菌感染。所以至少兩週就要檢查1次愛貓的爪子，以確認是否有過長的問題。

POINT 2 剪掉尖端2mm即可

貓咪平常會將爪子收在腳趾中，所以為牠們修剪時要輕輕抬起貓咪的腳，再以手指輕輕按出爪子。成功讓愛貓露出爪子後，就請用貓咪專 用趾甲剪修掉前端的2mm左右。要是剪得太深而傷到爪子裡的神經或微血管，就會造成貓咪的疼痛或出血。

POINT 3 別忘了大拇趾的爪子

貓咪的前腳有5根爪子，後腳則有4根。但是前腳的大拇趾與其他4趾相隔一段距離，一不小心就會漏掉了。老是忘記修剪大拇趾的爪子，會使過長的爪子刺進肉墊，所以請特別留意。

喵嗚 PLUS POINT

平常應檢查貓爪顏色、表面光滑度，以及根部皮膚是否發炎或髒汙等，有任何異狀時請帶去給醫生檢查而非自行處置。

認識與人類指甲完全不同的貓爪！

人類有指甲，貓咪也有爪子，但是彼此的機能與構造卻截然不同，所以這裡一起來了解貓咪的爪子吧。

磨爪子是貓咪的習性

雖然家貓已經不需要狩獵或爬樹了，但是仍保有磨爪子這種原始習性。貓咪會透過磨爪子剝除外側老舊角質，讓爪子常保尖銳。

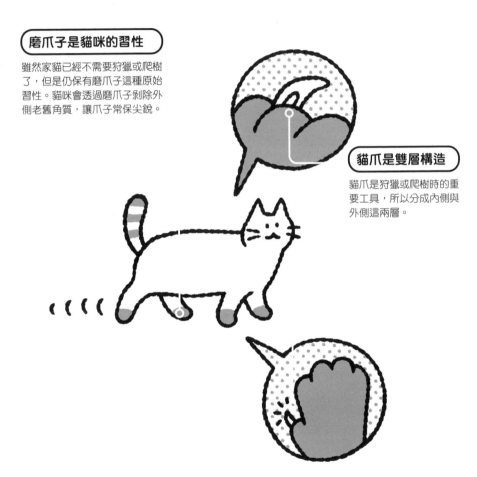

貓爪是雙層構造

貓爪是狩獵或爬樹時的重要工具，所以分成內側與外側這兩層。

(!) 貓咪走在木地板上會發出叩叩叩的聲響時，或是走在毛毯或地毯上時會勾到時，就代表爪子過長了。放著不管的話，爪子會變得粗硬甚至捲起刺進肉墊，如果發現時已經刺到肉墊的話，就請帶去醫院請醫生拔除。

放鬆睡上好覺的環境，是貓咪長壽的祕訣

POINT 1　好睡的場所

雖然昏暗狹窄的場所可以帶給貓咪安全感，但是牠們同時也喜歡採光好的溫暖場所。此外，制高點能夠讓貓咪確認是否有天敵來襲，所以建議準備貓跳台滿足這個需求；能夠看見戶外的窗邊，同樣也很受貓咪喜愛。

POINT 2　能夠放心睡覺的地盤

睡眠場所太過雜亂會造成貓咪的壓力，所以請收拾乾淨吧。另外地板太硬不好睡，建議鋪上毛巾或毯子。活用貓屋或籠子，打造愛貓可以安心獨處的地盤，同樣是不錯的方法。

POINT 3　室內溫度與光線調節

貓咪的舒眠環境中，室溫同樣是很重要的條件。對貓咪來說最舒服的室溫是20～26℃，溼度則為30～60％。此外有些空間燈光太強，發現愛貓嫌光線刺眼時，就請關燈以提供適度的昏暗場所。

喵嗚　PLUS POINT

希望愛貓睡得舒服，飼主就必須想辦法讓愛貓放鬆。身為貓咪信賴的飼主，不妨為牠們按摩臉部周邊或是其他自己抓不到的部位，讓愛貓打從心底感到安穩，自然就會昏昏欲睡，並且悠悠哉哉地沉入夢鄉。

從睡相看出貓咪的警戒程度

貓咪的睡相會隨著室內環境與警戒程度而異，請各位參考下面插圖確認看看吧。

從貓咪睡相觀察牠們睡得如何

環境溫暖且無須警戒時，貓咪的睡相會像①一樣，展開身體露出腹部，四肢抬起就像在喊萬歲一樣。像②這種露出側腹的側躺姿勢，則代表牠們還有些警戒。天氣冷或警戒狀態下，貓咪會像③一樣縮著身體睡覺。

請各位在日常生活中，務必時時確認愛貓睡相有無異常。如果是虛弱側躺或是胸口明顯起伏就可能是生病了，有時突然跑到飼主身旁睡覺，也可能是為了表達自己的不舒服或不安。四肢劇烈擺動，則可能是癲癇所致。

POINT 1　保持便盆清潔

貓咪討厭髒兮兮的廁所，有時會因此憋住不肯上。以雙層便盆來說，很難經常清洗落沙格柵與抽盤，所以不妨墊上專門的尿墊，或是善用能夠以泡沫附著髒汙的噴劑，隨時保持便盆清潔。

POINT 2　公貓的噴尿

公貓尿在便盆以外的地方，可能是所謂的「噴尿」行為。這是為了大範圍潑灑尿液以標記地盤的作法，當家裡來了新貓咪或是飼主將戶外氣味帶進家中，讓貓咪感到不安或不滿時就很容易發生。但是只要在公貓完全成熟前帶去結紮，多半就不會有這種行為了。

POINT 3　生病的可能性

雖然排尿在便盆外對高齡貓來說是常見的現象，但是如果罹患膀胱炎（細菌在膀胱繁殖的疾病）的話，就可能出現頻尿、血尿、尿在便盆外、排尿疼痛、排尿困難等狀況，因此看到愛貓排泄在便盆以外時也可能是疾病所致。

喵嗚　PLUS POINT

安心排泄的場所對貓咪來說是很重要的，所以除了要依貓咪數量準備相應的便盆量  之外，建議還要多準備一個讓愛貓隨時有乾淨便盆可以用。此外也請放在飼主能夠輕易確認狀況的寧靜場所，才能夠掌握愛貓的健康。

貓咪尿在外面時的除臭技巧

愛貓原本都能夠正常上廁所，某天卻突然排泄在便盆外時請不要責怪貓咪。
味道太重時，只要自製除臭劑就能夠解決了。

醋

酒精

ALCOHOL

VINEGAR

水

自製除臭劑吧！

貓咪尿在便盆外，使家具、牆壁或地板
等染上尿騷味時，用水稀釋酒精或醋製
成除臭劑後，以抹布沾取擦拭就不會殘
留氣味了。如果還是有味道的話，再購
買市面上沒有香味的除臭劑吧。

(!) --

貓咪排泄在便盆的原因除了生病外，有時單純是因為來不及，其他則有門檻太高跨不過
去、關節炎等症狀使貓咪很難進出便盆、便盆太髒讓他們不想用、不喜歡現在使用的貓砂
等理由，所以請為愛貓準備乾淨且方便進出的便盆吧。

POINT 1　設置墊腳踏板讓行動更順暢

愛貓跳躍能力衰退時，請在牠們喜歡待的高處旁配置踏台或椅子等，為牠們打造無障礙空間吧。除了運用既有家具外，市面上也售有貓咪專用斜坡或階梯等，不妨藉此減少貓咪生活上會碰到的高低差吧。

POINT 2　靠近地面也OK

對老貓咪來說，只要能夠放心休息，就算是靠近地板的低處也無訪。例如：清空書架的其中一部分，或是在紙箱裡鋪設毛巾或毯子後，再剪開方便貓咪進出的出入口即可。

POINT 3　睡床配置在方便的位置

愛貓逐漸難以前往高處時，請將睡床移到貓咪能夠輕易前往的地方，或是乾脆依當下的需求重新打造睡眠環境。運用睡墊或毯子增添柔軟度，讓愛貓睡起來更舒適。

喵嗚 PLUS POINT

家中各區域稍有溫差時，貓咪就能夠在覺得冷或熱時，自行前往室溫舒適的位置。有時候飼主藉由空調為愛貓設定的溫度，與貓咪本身的需求不同，所以請藉由前述方法讓愛貓自行調整吧。

貓咪天生喜歡的場所

受到野生時代的習性影響，貓咪特別喜歡高處以及昏暗狹窄處，這裡就要談談牠們有如此習性的原因。

對昏暗狹窄處的偏好

野生時代的貓咪會藏身在狹窄陰暗處以躲避天敵，因此即使成了家貓，這類場所仍然會帶來安全感。再加上貓咪的獵物也多半躲在這類場所，因此這方面的偏好或許也有受到狩獵本能的刺激。

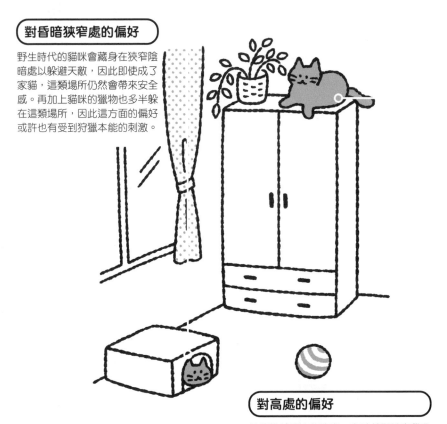

對高處的偏好

能夠眺望遠方的高處，有助於迅速察覺危險並逃走，因此這類場所會讓貓咪感到安心。再加上高處視野極佳，從賞景的角度來看同樣樂趣十足。

（!）

採光良好的窗台很適合曬日光浴，對貓咪來說既溫暖又舒適。此外可以看見戶外狀況的特點，也讓貓咪兼顧了安全與監視，簡直就是最佳避風處，若能獨占這類區域就能夠讓貓咪心滿意足。

POINT 1　每週1～2次，每次約15分鐘

這邊建議每週為愛貓按摩1～2次，每次約15分鐘，但是請務必邊觀察愛貓的狀況，且避開在剛吃飽飯、受傷、生病、剛激烈運動完的時候。假若貓咪患有慢性病，請事前諮詢主治醫師。

POINT 2　按摩臉部周邊

貓咪的下顎容易因為咀嚼食物而疲勞，所以就從這一帶開始吧。按摩時請以手掌固定住愛貓的頭部，再以大拇指在臉頰處畫圓輕按。貓咪的臉頰有一塊皮膚可以稍微拉展，所以不妨稍微拉開維持數秒。

POINT 3　兼顧健康檢查的全身按摩

全身按摩就從順著全身毛流撫摸開始吧。接著再捏起後頸至肩膀一帶的皮膚輕揉、反覆屈伸關節，最後溫柔按壓敏感的肉墊，同時也別忘了檢查皮膚是否有異狀或是腫塊等，兼顧按摩與健康檢查。

喵嗚　PLUS POINT

為愛貓按摩時，除了能夠幫助貓咪紓壓、放鬆，對飼主本身也具有療癒效果。因為對貓咪與飼主來說，光是待在一起就能夠為彼此帶來幸福。

貓咪也很喜歡梳毛！

除了按摩以外，貓咪也很喜歡梳毛。因此愛貓隨著年紀增長而不常理毛時，就請飼主代為梳毛吧。

以梳毛代替理毛

精神還很好的貓咪三不五時就在理毛，但是隨著體力變差會漸漸難以理毛。貓咪理毛頻率降低後，屁股、腹部、下顎等處容易髒汙，所以除了要勤加梳毛外也要適度擦拭，降低患病的風險。

兼具按摩效果

長毛貓應盡量每日梳毛，短毛貓則建議每週梳2次。選用矽膠梳與鬃毛梳的話，還可兼具按摩效果。但是要特別留意的是鬃毛梳容易造成打結，矽膠梳則建議搭配排梳。

(!) 香氛精油對人類來說具備高度放鬆效果，但是嚴禁用在貓咪身上。貓咪的皮膚吸收到香氛成分後，有時會引發嚴重的中毒症狀，所以千萬不可以用精油為愛貓按摩。此外貓咪在按摩時表現出疼痛的話，請立刻輕撫貓咪的身體。

把握愛貓年輕時光，
及早找到可信賴的動物醫院！

POINT 1 事先找好愛貓的主治醫師

請各位務必按照愛貓的成長，
以及飼主自身的生活型態，找
到能夠配合的動物醫院，並為
愛貓挑一位契合的主治醫師。
趁愛貓年紀小時定期帶去健檢
與看病，就能夠掌握成長的狀
況與日常狀態，生病時的治療
自然會更加順利。

POINT 2 飼主必須親自確認

要將愛貓交給什麼樣的動物醫院才能夠放心呢？每
位飼主都必須事前想清楚條件才行。挑選時除了網
路評價與飼主間的口碑之外，也請務必親自到現場
確認。

POINT 3 參考國際標準規格

國際貓科醫學會設有「貓友善動物醫院」的國際認
證規格，受認證的醫院擁有貓咪專科醫生與高度專
業知識，能夠為貓科動物提供優質的醫療服務，因
此各位不妨從認證名單中挑選。

喵嗚 PLUS POINT

對醫師的診斷有疑慮時，也可以尋求第二意見，這
麼做也有助於選出合適的醫師。近年的貓咪醫療益
發完善，有些動物醫院發現無法提供適當醫療時，
也會轉介給合作的醫院。

挑選可信賴醫師的訣竅

我知道必須為愛貓找一間可信賴的醫院，但是到底該怎麼挑選呢？這邊要專為如此煩惱的飼主，介紹幾項挑選動物醫院的訣竅。

離家距離是否夠近？

在身體不舒服的情況下遠距離移動，對貓咪的身心來說並非好事。雖然未必只能選最近的醫院，但是距離過遠時會延誤治療，所以與動物醫院間的距離就相當重要。

醫療設備充實度 & 乾淨度

醫院的設備不足時，部分檢查與治療就必須前往其他醫院。此外即使建築物外觀老舊，只要候診室與診療室保持乾淨，就代表院方認真看待自己提供的服務。

說明是否詳細？費用是否透明？

只要醫生願意認真說明治療與檢查內容，飼主提問時也能夠確實回答，彼此間自然能夠建立信賴關係。儘管動物醫院的收費方式五花八門，但仍有一定的行情價，所以不要比其他地方貴太多，且能夠提供清晰的費用明細也是一大重點。

(!) 院方員工（包括所有參與治療與照護的醫師與助理等）的個性也同樣不能輕忽，除了要觀察其與貓咪相處時的熟練度外，也和挑選人醫時相同，必須留意彼此的溝通是否通暢（例如是否願意聆聽飼主的話），才能夠建立信賴關係。

老貓咪的定期健檢，三個數值需要特別留意！

POINT 1	腎臟功能 （尿液濃度、BUN、CRE、IP）

貓咪在接受健康檢查時，首先要確認的就是腎臟功能，因為腎臟方便的疾病正是老貓咪最具代表性的疾病。所以定期健檢時必須特別留意尿液濃度（尿液檢查而非血液檢查）以及 BUN、CRE、IP 這幾個項目的數值。

POINT 2	血球數 （白血球、紅血球、血小板）

老貓咪很常因為腎衰竭造成貧血，所以定期健檢時也應確認紅血球數量，以掌握健康時的數據。身體某處發炎時會造成白血球上升，但是抽血時也會因為情緒過於激動上升，所以只要讓貓咪冷靜下來並多測幾次，就能夠看出平常的數值。

POINT 3	GLU（血糖值）與 肝功能（AST、ALT）

不只人類會罹患糖尿病，這對貓咪來說也並不罕見，而且往往得等到症狀相當嚴重才發現，所以請定期檢查以便及早應對。此外 AST 與 ALT 等肝功能方面的項目，也是定期健檢中相當重要的數據。

喵嗚

PLUS POINT

可以的話，每年定期健檢兩次以上最為理想，因為壽命遠比人類短的貓咪，光憑 1 年 1 次的健檢時，很多疾病都無法及時發現。此外將健檢報告與藥物標籤依時序收納在資料夾等的話，哪天必須由主治醫師以外的獸醫接手時也有助於診察與判斷。

血液檢查的常見項目

血液檢查是定期健檢中最基本的檢查。只要這些項目的數據出現異常，就能夠注意到貓咪可能生病了，如此一來不必等到症狀出現也能夠及時治療。

檢查項目	相關器官、功能與疾病	單位
GLU（血糖）	糖尿病等	ug/dl
GOT(AST)	肝功能等	mg/dl
GPT（ALT）	肝功能等	mg/dl
GGT（γ-GTP）	肝功能	lU/l
ALP（鹼性磷酸酶）	肝功能、類固醇等	U/l
NH3（阿摩尼亞）	肝功能、門脈分流等	μg/dl
BUN（尿素窒素）	腎臟、肝臟等	mg/dl
CRE（肌酸酐）	腎臟	mg/dl
IP（無機磷）	腎臟、副甲狀腺機能等	mg/dl
電解質 （Na＝鈉離子／K＝鉀離子／Cl＝氯離子）	糖尿病、高血糖、脫水等	Na／mg/dl K／mEq/l Cl／mEq/l
TP（總蛋白）	肝功能、營養障礙、感染等	g/dl
血球計算 （白血球、紅血球、血小板）	感染、中毒、各部位發炎、白血病、多血症、貧血、免疫相關疾病等	g/dl

※ 視情況可能必須檢查更多項目。

健康檢查時的血液檢查屬於「疾病篩檢」的一環，也就是並非用來診斷特定疾病，而是在症狀表現出來之前確認身體有無異常的檢查。簡單來說，就是將光憑外表或身體檢查無法判斷的貓咪身體狀況化為數值。

血液檢查以外的檢查類型

定期健檢的檢查項目當然不會只有血液檢查，這裡要介紹其他類型的檢查，並說明各是什麼樣的項目。

尿液檢查

採尿方法分成自然排尿、壓迫排尿、膀胱穿刺以及用導管採尿等。
一般定期健檢的採尿，都會請飼主從自家帶來貓咪自行排出的尿液。這項檢查會確認腎臟的尿液濃縮能力以及是否有尿蛋白，藉此判斷是否有結石或膀胱炎等的可能性，及早發現腎臟的功能低下問題。

糞便檢查

貓咪的糞便除了可以檢查細菌外，還會用顯微鏡確認是否有寄生蟲、梨形鞭毛蟲類或球蟲類等原蟲，或是排泄不良的有無。此外使用可檢測病毒的檢查套裝時，還可判斷是否感染了貓瘟。

X光檢查

貓咪的X光檢查與人類的基本上相同，想必各位都能夠輕易想像吧？貓咪照X光時主要檢查的是胸部、腹部、運動系統與骨骼等，另外也會確認是否有誤食異物或腫瘤，以及骨骼是否有變形。
但是貓咪與人類不同，很難長時間靜靜待著，所以一般會由穿著防護服的醫師或護理師按著貓咪進行拍攝，鮮少使用麻醉或鎮靜劑。

超音波檢查

基本上與人類的超音波檢查相同，高周波的音波接觸到內臟等之後會回彈，並將回彈的聲音化為影像，以確認臟器的狀況。主要檢查的是心臟、肝臟與腎臟等內臟，同樣也很少使用麻醉或鎮靜劑，對貓咪造成的負擔算是較少的一種。

更詳細的檢查項目範例

院方留存

受領日	簽 名	營業所
年		

綜合檢查委託書

編號	設施名稱		負責醫師	病歷號碼	採樣日
		TEL			年　月　日
飼主姓名		FAX			負荷時間
		犬、貓、兔、雪貂、鳥	♂・♀・♂去・♀去		Pre
寵物名稱		其他類型		歲	Post（　h・　h）
		（　　　）		kg　月齡	

☐ 同意出檢相關事項。

勾選	編號	專用項目

材料	冷藏	冷凍	室溫
血清	支	支	支
血漿	支	支	支
全血	支	支	支
尿液	支	支	支
其他（　）			支

評語／預測疾病名

耗材委託欄

☐ 綜合檢查委託書	☐ 含分離劑的採血管
☐ EDTA採血管	☐ 微量管
☐ 凝固檢查用採血管	☐ 含肝素胸採血管
☐ 滅菌離心管	☐ 檢體標籤

勾選	項 目	
	生化檢查／組合檢查	
	全身疾病篩檢	血清0.5mL
	肝膽疾病篩檢1（含BTR）	
	脂酶（Lipa）＋CRP（犬）	血清0.3mL
	脂酶（Lipa）＋SAA（貓）	
	胰臟炎套組（犬）	血清0.5mL
	維生素B12＋葉酸套裝組（犬）	血清各0.5mL
	總膽汁Pre＋post	血清各0.2mL
	生化檢查／單項目	
	總膽汁酸（TBA）	血清0.2mL
	BTR（胺基酸分析）	血清0.3mL
	糖化醣化白蛋白（GA）	血清0.2mL
	果糖胺	血清0.2mL
	胰蛋白酶反應物質（TLI）（犬）	血清0.2mL
	脂酶（Lipa）DGGR基質	血清0.2mL
	高敏感心肌鈣蛋白I	凍血清0.4mL
	蛋白質分離	血清0.3mL
	脂蛋白膽固醇分解（犬）	血清0.3mL
	ALP同功酶（犬）	血清0.3mL
	CK（CPK）同功酶	血清0.2mL
	胱抑素C（小、中型犬）	血清0.2mL
	SDMA（貓）	血清0.15mL
	免疫學檢查	
	直接抗球蛋白試驗	EDTA全血1.0mL
	類風濕因子（RF）（犬）	血清0.3mL
	抗核抗體（ANA）	血清0.3mL
	CRP（犬）	血清0.2mL
	SAA（血清澱粉樣蛋白A）（貓）	血清0.2mL
	a1AG	血清0.2mL
	AFP（犬）	血清0.2mL
	組織胺（犬）	凍EDTA血漿0.2mL
	凝固、纖溶檢查	
	PT、APTT、纖維蛋白原（犬）	凍檸檬酸血漿 0.5mL
	A T	凍檸檬酸血漿 0.3mL
	T A T	凍檸檬酸血漿 0.3mL
	F D P	凍檸檬酸血漿 0.3mL
	D-dimer	凍檸檬酸血漿 0.3mL
	血液學檢查	
	血型	EDTA全血0.5mL
	血球計算	EDTA全血0.5mL
	白血球分類	EDTA全血0.5mL
	網狀紅血球數	EDTA全血0.5mL
	其　他	
	結石分析	10mg以上

勾選	項 目	
	內分泌檢查	
	甲狀腺機能套裝組1 T4＋TSH	
	甲狀腺機能套裝組2 FT4＋TSH	血清0.2mL
	甲狀腺機能套裝組3　T4＋FT4＋TSH	
	甲狀腺荷爾蒙套裝組　T4＋FT4	
	腎上腺套裝組1	皮質醇Pre＋Post　0.2mL
	腎上腺套裝組2	皮質醇 血清0.2mL
		ACTH 凍EDTA血漿0.3mL
	腎上腺套裝組3 皮質醇Pre＋post＋post	血清各0.2mL
	內分泌疾病組1 T4 TSH　皮質醇Pre＋Post	血清0.3mL
	內分泌疾病組2 FT4 TSH　皮質醇Pre＋Post	Pre0.3mL
	內分泌疾病組3　T4 FT4 TSH　皮質醇Pre Post	Post0.2mL
	內分泌套裝組1　T4＋皮質醇	
	內分泌套裝組2　FT4＋皮質醇	血清0.3mL
	intact PTH	凍血清0.3mL
	副甲狀腺套裝組1 intact PTH＋離子化鈣	凍
	PTH-rP	凍 0.4mL
	副甲狀腺套裝組2 intact PTH＋離子化鈣	凍血清0.3mL
	PTH-rP	凍 抗凝離血漿 血清 0.4mL
	T 4	
	F T 4	血清0.2mL
	T S H	
	皮質醇	
	A C T H	凍EDTA血漿0.3mL
	孕酮	
	雌二醇	血清0.4mL（犬、雪貂）0.2mL（貓）
	睪酮	
	馬鳥素	
	紅血球生成素	血清0.4mL
	A N P	凍 抑制動脈血漿 0.4mL
	血中藥物檢查	
	唑尼沙胺	
	溴化鉀	血清0.3mL
	苯巴比妥	
	環孢素	凍EDTA全血1.0mL
	尿液檢查	
	尿中一般檢查	尿2.0mL
	尿沉渣	
	尿蛋白／肌酸酐比（UPC）	
	尿中微量白蛋白／肌酸酐比（UAC）	
	UPC／UAC套裝組	尿1.0mL
	尿皮質醇／肌酸酐比（犬）	
	尿中NAG／肌酸酐比（犬）	
	V-BTA（犬）上清液1.0mL	上清液1.0mL

勾選	項 目	
	犬傳染病檢查	
	犬絲蟲成蟲抗原（犬）	血清0.2mL
	犬瘟熱IgG抗體	
	犬瘟熱IgM抗體	
	犬瘟熱抗原	鼻液、眼脂、唾液、糞便
	犬小病毒IgG抗體	血清0.2mL
	犬小病毒IgM抗體	
	犬小病毒抗原	糞便0.2g
	腺病毒型抗體	
	犬布氏桿菌IgG抗體	血清0.2mL
	鉤端螺旋體病IgG抗體	
	鉤端螺旋體病IgM抗體	
	貓傳染病檢查	
	貓冠狀病毒（FCoV）IgG抗體	血清0.2mL
	貓冠狀病毒（FCoV）＋蛋白分離	血清0.3mL
	FIV、FeLV套裝組	
	貓套裝組（FIV、FeLV、FCOV）檢查	血清0.2mL
	弓形蟲IgG抗體	
	貓泛白血球減少症病毒IgG抗體	
	貓泛白血球減少症病毒IgM抗體	
	貓泛白血球減少症病毒抗原	糞便0.2g
	犬絲蟲成蟲抗原、抗體套裝組（貓）	血清0.2mL
	犬絲蟲成蟲抗原（貓）	血清0.1mL
	外國疾病相關檢查	
	犬瘟熱IgG抗體（雪貂）	
	阿留申氏病病毒IgG抗體（雪貂）	血清0.3mL
	兔腦炎小胞子蟲症IgG抗體（兔）	
	鸚鵡熱披衣菌抗原（鳥）	糞便0.2g
	過敏檢查	
	過敏環境①	
	過敏環境②	血清0.4mL
	過敏食物	
	過敏套裝組A（環境①、②）	
	過敏套裝組B（環境①、食物）	血清0.8mL
	過敏套裝組C（環境①、②、食物）	
	過敏套裝組D（環境①、②、食物）	血清1.0mL
	請填寫其他檢查項目。	

※ 富士軟片VET Systems接受獸醫委託的檢查委託書範例。

適度的刺激，
幫助老貓咪不受失智之苦

POINT 1 　玩具＆遊戲

為愛貓的生活中增添刺激，有助於預防＆改善失智症。所以平常請勤加更新玩具，遊戲內容也要有所變化，藉由促進貓咪動腦的遊戲活化腦部吧。

POINT 2 　適度的日光浴與運動

老貓咪容易有運動量不足的問題，腦部受到的刺激也會隨之減少。所以請為愛貓安排能夠曬日光浴的位置，並且整頓出可適度運動的環境吧。雖說不應強迫愛貓運動，但是至少可以藉遊戲讓愛貓動一動。

POINT 3 　溫柔的溝通

請凝視著愛貓的雙眼呼喚名字＆聊天吧！若能搭配親密接觸（輕撫貓咪身體，貓咪不排斥時還可以加碼按摩）就更好了。總而言之，請用滿滿的愛灌溉貓咪吧。

喵嗚 PLUS POINT

易怒、徘徊、夜啼等都是失智症常見的症狀，因此對人貓來說都是沉重的壓力，然而壓力有礙貓咪的身心健康，所以請寬容以待，不要嚴厲斥責。

貓咪失智時的常見症狀

幾十年前的家貓壽命約10歲左右，因此失智貓咪在以前並不常見，然而隨著高齡貓增加，愈來愈多近似人類阿茲海默症的病例發生。目前已知11～14歲的貓咪中約有3成會因失智而產生行為變化，15歲以上則約5成。

形形色色的行為變化……

常見的症狀包括對食物的喜好改變了、食慾不振、剛吃過又吵著要吃、排泄在便盆以外的位置、一直在相同位置徘徊、喊名字卻沒有反應、黏著飼主、夜啼、個性變兇等。

! 據信可消除體內活性氧的維生素、β-胡蘿蔔素等抗氧化成分、可望抑制失智＆腦部萎縮的EPA與DHA等ω-3脂肪酸有助於減緩失智症發展，所以不妨餵食富含這類成分的食物或營養食品。

積極攝取牛磺酸，借助藥物來預防心肌疾病

POINT 1　難以早期發現的心肌疾病

心肌疾病是即使每天認真觀察，仍難以早期發現的疾病。有時會出現不愛動、容易累、呼吸急促、舌頭或是牙齦呈藍紫色、咳嗽、食慾不振、消瘦等警訊，但是有時卻會在毫無徵兆的情況下忽然出現重症。

POINT 2　站不起來時要特別留意

心肌疾病造成血流遲緩，就很容易引發血栓（血液結塊），使貓咪後腳麻痺或渾身無力。當貓咪的血栓隨著血液流動到全身各處時，就很容易塞在動脈的分岔點，成為所謂的動脈栓塞，這時就會出現四肢（尤其是後腳）麻痺或無力的症狀，使貓咪無法站起。

POINT 3　藉由藥物治療減輕負擔

雖然心肌疾病無法根治，但是可以藉由藥物減輕心臟的負擔，例如：血管擴張藥（擴張血管以降低血壓）、利尿劑（藉由排尿減少體內水分）、強心劑（提高心肌收縮能力）、β 受體阻斷劑（維持一定的心跳數）等。

喵嗚 PLUS POINT

標有綜合營養食字樣的貓咪食品，都添加了名為牛磺酸的氨基酸。目前已知牛磺酸有助於抑制心肌疾病的發作，因此醫院治療時也會單獨開立牛磺酸，各位不妨混在食物中餵食。

認識貓咪常見的心肌疾病

所有年齡層的貓咪都可能罹患心臟病，不過通常還是會在超過6歲時發病。
其中貓咪最常見的心肌疾病無法完全根治，只能透過藥物治療並預防惡化。

最常見的是肥厚型心肌病變

貓咪最常罹患的心臟病，就是心臟肌肉細胞出現異常，對全身血液循環造成阻礙的心肌疾病。其中心臟肌肉變厚的肥厚型心肌病變，更是占了約67%。

也可能是其他疾病造成的

從性別的角度來看，貓咪最常罹患的肥厚型心肌病變好發於公貓，此外有時則是受到高血壓或甲狀腺機能亢進影響而發作。由於緬因貓、美國短毛貓與斯芬克斯貓等特定品種特別容易罹患肥厚型心肌病變，所以據信這種疾病也可能是遺傳造成的。

⚠ 罹患心肌疾病後，心臟的幫浦能力會變弱，因此可能會引發肺水腫（水積在肺部）或胸水（水積在胸腔一帶）等併發症。當貓咪出現呼吸困難、後腳麻痺或無力、毫無徵兆地昏倒等嚴重症狀時隨時可能送命，所以請立即帶去看醫生。

POINT 1　撒嬌的理由形形色色

有些貓咪年輕時常常嫌人煩，年紀大了卻突然變得愛撒嬌。除了單純想要撒嬌外，也可能是有什麼需求、感到不安或是失智等造成的，背後甚至可能暗藏疼痛或不舒服等問題。

POINT 2　認真回應貓咪的撒嬌

貓咪來找飼主撒嬌時，請各位認真面對，並用撫摸或梳毛等回應愛貓吧。同時也別忘了確認愛貓精神狀況、是否發燒、排泄＆飲水與飲食量是否正常、身上是否有哪裡疼痛等。

POINT 3　有時會突然跑來咬人

貓咪的撒嬌行為包括磨蹭、呼嚕呼嚕、跑到飼主身上、露出肚皮、凝視著飼主以及用前腳踏踏等，但是有時也會用咬人的方式表達，如果這時回應了愛貓的要求，咬人的行為就會逐漸加劇。

喵嗚
PLUS　POINT

飼主忙得無法陪伴愛貓時，貓咪有時會藉由咬人以博得飼主的關注，這時請堅定地無視愛貓並前往其他房間。如果因為貓咪太可愛而忍不住回應，日後咬人的行為就會愈來愈嚴重。

當同伴成為小天使了……
陪貓咪走過心靈的適應期

POINT 1　貓咪失去同伴也會受到打擊

雖然不確定貓咪是否能理解「同伴貓咪離世」這個事實，但是有些貓咪失去同伴後，會出現一直叫、食慾變差、到同伴在世時常待的地方尋找等行為變化，但是通常6個月內就會恢復正常。

POINT 2　不要隱瞞同伴的離世

無論貓咪之間的感情如何，都請不要對愛貓隱瞞同伴離世的消息。同伴突然消失會使貓咪感到不安與壓力，所以若能讓愛貓見見同伴的遺體並嗅聞，或許就能夠慢慢接受失去同伴的事實。

POINT 3　維持一如往常的生活

雖說不必強行忘卻悲傷，但是仍請盡量與愛貓維持如常的生活。在相同的時段餵食（也可以加點好料）、親密接觸或玩耍，相信對飼主與貓咪來說都是一種療癒。

喵嗚
PLUS POINT

有些貓咪即使失去同伴也毫不在意，有些則會明顯表露哀傷。且重新振作所需要的時間與程度都依個體而異，但是如果愛貓無精打采的模樣超過1週，就請諮詢平常往來的醫師。

POINT 1　花費心思，補充營養

即使貓咪尚有食慾，也可能因為口內炎等問題無法從口腔進食，如果是暫時性的難以進食可以考慮用軟管餵食流質食物，而軟管則分成鼻胃管（從鼻腔通往食道的軟管）、胃造廔（軟管直接通往胃部）與食道胃管（軟管直接通往食道）。

POINT 2　與醫師商量

為愛貓補充水分時，可以用針筒型餵食器慢慢餵水，或是使用皮下輸液。貓咪無法自行進食的時候，同樣可以用針筒型餵食器以少量多餐的方式，強制餵食流質食物。但是這些方法都會對身體造成負擔，所以請事前諮詢主治醫師。

POINT 3　整頓好睡床與衛生

愛貓臥病在床時，請準備溫暖乾淨的睡床，此外也要經常為愛貓翻身以預防褥瘡，愛貓不慎排泄在外時的清潔也要格外留意。貓咪無法自行排泄時，請適度按摩或是依醫師指示按壓腹部以協助排泄。

喵嗚　PLUS POINT

愛貓剩下的日子不多時，請盡量將睡床配置在大家都看得到的位置，同時也別忘了多摸摸愛貓。這段期間請盡量保持家中有人，最好能夠隨時有人陪伴在側直到最後一刻，因此請尋求家人的協助吧。

沒有遺憾的最後一哩路

愛貓的生命即將邁向終點時，減輕痛苦比治療更加重要，所以請首重避免造成貓咪的壓力，讓貓咪能夠在生命告終之前擁有安穩的生活。

無法治癒時就採取安寧照護

已經盡力治療卻仍無望痊癒時，就請轉換成安寧照護，盡量去除貓咪的痛苦，為其打造無壓生活吧。愛貓會痛時不妨請醫師開立適當的止痛藥。

協助進食與排泄

貓咪還有自行排泄與進食的意願時，就請多花點巧思整頓環境，例如：降低便盆門檻，並且在愛貓排泄時輕托腰部。貓咪還會試圖自立行走時，可以用毛巾等托住愛貓的腹部，協助行走。

盡量滿足愛貓的心願

這段時間的貓咪會更需要飼主的陪伴與關愛，所以請在能力許可下，盡可能滿足愛貓的心願吧。在貓咪還能夠進食的時候，盡情餵食貓咪愛吃的食物，同樣有助於讓貓咪心滿意足。

(!) 貓咪長期陷入痛苦狀態時，安樂死也是一種解決之道。也就是先用藥物讓貓咪沉睡後，再施以致死量的麻醉藥。然而做此決定前請從「愛貓是否還有生存意志」、「是否能保有生活品質」的角度審慎思考，而非單純依「太難照顧了」、「好可憐」等飼主本身的想法去決定。

POINT 1 盡情哭泣

思念愛貓時想哭就儘管哭吧，無論是獨處、和親朋好友相處時都無妨，請重視情緒的宣洩。

POINT 2 後事的辦理

寵物離世後的處置方法主要有兩種，一種是請公家機關協助處理，一種是像人類一樣舉辦葬禮。前者費用較便宜，但是有些地方會將遺體當成一般廢棄物燒掉，因此考慮為猶如家人的愛貓舉辦葬禮，對飼主也不失為一種撫慰。

POINT 3 迎接新貓咪

很多人從悲傷中走出來的契機，就是迎接新的貓咪。但是請務必理解，新貓咪並非離世貓咪的替代品，所以還沒完全走出來也無妨，至少也請等內心稍微平復再進行。

喵嗚 PLUS POINT

即使是家人或親近的人，也未必能夠理解喪失寵物的悲傷。所以選擇擁有相同經驗或是似乎能夠理解心情的人談談，同樣有助於心靈平靜。但是身心方面的問題一直持續時，請諮詢專家或醫療機構。

任誰都無法避免的離別

對飼主來說，獨一無二的愛貓離世所帶來的悲傷是無與倫比的。這是段難熬的時光，所以請別壓抑自己的情緒，適度表達出來才有益身心健康。

接受現實前的心理變化5階段

據說人類面對死亡時的心理，會經歷否認、憤怒、討價還價、沮喪與接受這5個階段。失去寵物時當然也適用，但是陷入悲傷的程度與心理轉換過程的時間長度則因人而異。

貓咪勢必會比飼主先走的心理準備

現代貓咪相當長壽，平均壽命達15歲以上，甚至有活到20歲以上的案例。儘管如此貓咪走完一生的速度仍為人類的4倍，因此大部分的情況下都會比飼主先走。既然選擇與愛貓一起生活，就請做好遲早必須離別的心理準備。

確保沉浸於悲傷的時間與空間

失去猶如家人的愛貓當然會感到悲傷寂寞，甚至是沮喪落淚。飼主與愛貓之間的羈絆都獨一無二，所以重新振作所需的時間也因人而異，請務必為自己安排能夠盡情沉浸於悲傷的時間與空間。

(!) --

內心難過煎熬時，請勿強行壓抑情緒或是強迫自己如常行動。無視自己的情緒而過度努力，反而會無法從悲傷中解放，讓創傷在內心深處不斷延燒。忍耐與強裝鎮定最終都只會自我傷害。

POINT 1　藉後事整理心情

對被留下的飼主來說，祭拜寵物對撫平傷心具有重要意義。有助於整理心情的事情很多，包括為愛貓舉辦喪禮或是掃墓等。

POINT 2　親手製作棺材

在等待火化的期間，必須找地方安置愛貓的遺體。雖說聯絡業者就可以購買，不過也可以將愛貓喜歡的毛巾等包住紙箱，親自為愛貓打造棺材，這時請在遺體的腋下或腹部放置保冷劑以避免遺體受損。

POINT 3　造墳以追思愛貓

為愛貓處理後事的寵物安樂園等業者，通常會由動物醫院介紹。此外自宅有庭院時也可以考慮土葬，不一定只能火葬。

喵嗚
PLUS　POINT

寵物後事處理通常分成下列3種方法：①在自有土地的庭園挖掘深洞埋葬、②委託業者火葬、③委託公營的火化設施（比②便宜）。

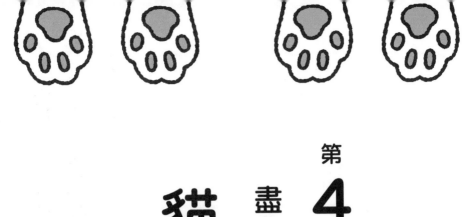

第4章

盡力預防！

貓咪的「疾病」

藉由定期的健康檢查，延長愛貓的幸福貓生

POINT 1　事前確認費用

日本貓咪的定期健檢費用約5,000～10,000日圓
（費用依動物醫院而異）。有些醫院會提供套餐方案，除了基本項目外還有額外項目可供選擇，這時建議準備的預算為10,000～15,000日圓，所以請各位事前問清楚費用吧。

POINT 2　視情況決定檢查項目

愛貓生病或是有特別擔心的地方時，可能必須增加額外的檢查項目。常見的額外項目包括拍攝X光、超音波檢查、CT、MRI、心電圖檢查、甲狀腺功能檢查等，如果想讓愛貓接受所有檢查就必須花費20,000～35,000日圓左右。

POINT 3　收好檢查報告

讓愛貓接受健康檢查後，理應會拿到檢驗報告書。除了對照各項目的參考數值外，如果知道愛貓健康時的數據，還能及早確認是否有異狀。所以請收好每一份檢查報告，才能夠及時確認。

喵嗚
PLUS POINT

血液檢查是健康檢查的基本，可以查出是否有內臟異常或相關風險，例如：貧血、炎症、脫水、有無壞死、腎衰竭或糖尿病等。

有定期健檢也不能大意！

貓咪衰老的速度是人類的4倍以上，因此有時乍看只是輕微不適，可能轉眼間就變得很嚴重。所以不能只因為有定期健檢就放心，每天仍應仔細確認愛貓的狀況。

隱忍不適，佯裝沒事

並不是貓咪每天都很有精神就代表很健康，因為貓咪本來就是會隱藏身體不適與疼痛的生物，有時即使是在信賴的飼主面前仍會表現如常，所以一旦察覺有什麼不對勁的地方，再細微都應加以留意。

健檢壓力＜不上醫院的風險

貓咪抗拒環境的變動，檢查與抽血同樣會造成壓力，但是這兩大因素鮮少對檢查數值造成劇烈影響。相反地，為了避免壓力而不上醫院，反而會錯失及早發現疾病的機會，所以建議藉由零食等，幫助愛貓減輕上醫院的壓力。

(!) 原則上定期健檢的週期應隨著年齡增長而縮短，檢查項目也應隨之增加。但是一般保險不理賠定期健檢，所以必須就預算詳加討論。此外貓咪上了年紀後會常常上醫院，因此有些貓咪最好趁年輕就養成定期上醫院的習慣，才能夠避免老後因看病而造成壓力。

POINT 1　慎選混合疫苗的類型

請各位按照愛貓的生活型態選擇適當的疫苗吧。例如：如果是完全養在室內的貓咪，建議施打三合一疫苗，會外出的貓咪通常會選擇五合一。三合一疫苗的費用約900～1200元，五合一則約為1000元。

（※編註：此為台北獸醫師公會收費標準，僅供讀者參考）

POINT 2　有時可能出現副作用

貓咪接種疫苗後數小時內（通常是48小時內），可能會出現發燒、虛弱、臉部發腫、嘔吐、腹瀉、發癢、施打部位出現腫塊、呼吸困難等副作用，覺得情況不對時請立即帶去看醫生。

POINT 3　施打後2～3週要多加留意

愛貓接種疫苗後1週請讓貓咪靜養，避免劇烈玩耍、運動或跳躍。此外身體製造出免疫力需要2～3週的時間，這段時間請勿讓貓咪前往有感染風險的場所，並且避免與其他貓咪接觸。

喵嗚 PLUS POINT

請盡量選在早上施打疫苗，這樣才能夠在出現副作用時及時送醫。此外接種疫苗有過敏性休克的風險，會出現嚴重的全身症狀，甚至可能致死。

混合疫苗是由哪些疫苗組成？

除了狂犬病以外，法律並無強制貓咪接種疫苗。但是並非因此貓咪就沒有傳染疾病的風險，所以仍建議接種疫苗以達到預防的效果。

接種混合疫苗

建議所有的貓咪都要接種含貓疱疹病毒性鼻氣管炎、貓卡里西病、貓泛白血球減少症的三合一疫苗，若有與其他貓咪接觸，除了可接種含有貓白血病、貓披衣菌的疫苗之外，也可接種含貓愛滋（貓免疫缺陷病毒）和狂犬病的疫苗。請依照醫師建議接種各種組合疫苗。

五合一疫苗	四合一疫苗	三合一疫苗		
				貓疱疹病毒性鼻氣管炎
				貓卡里西病
				貓泛白血球減少症（貓瘟）
			單獨	貓白血病
				貓披衣菌
			單獨	貓愛滋（貓免疫缺陷病毒）
				狂犬病

※ 編註：台灣施打的四合一疫苗包含貓披衣菌疫苗，建議接種之前可先諮詢醫師。

> ! 大部分的疫苗並無接種義務，但是寵物旅館與動物醫院都有透過空氣傳播疾病的風險，待在家中同樣有感染的可能性。此外大半的寵物旅館與寵物美容都拒收未接種疫苗的犬貓，有些醫院也會為了預防傳染病拒收。

POINT 1 　過度飲水是生病的警訊

老貓咪一天飲水量超過每公斤體重60㎖就代表過度飲水，可能是生病所致。所以請每天透過容器中殘餘的水量，仔細確認愛貓的飲水量。

POINT 2 　要留意腫瘤與癌症

貓咪常見的惡性腫瘤中，案例最多的就是淋巴瘤（淋巴球癌症）。乳腺腫瘤（乳癌）則好發於高齡母貓，但是可透過在1歲前結紮預防。紫外線造成的鱗狀上皮細胞癌，則可藉由完全養在家中並避免過度日光浴預防。

POINT 3 　傳染病的風險

貓冠狀病毒本身只會造成貓咪腹瀉，但是變異成貓傳染性腹膜炎病毒後，就成了致死率幾乎百分之百的可怕疾病，現在尚無治療方法。發病後就難以康復的貓白血病、幼貓致死率很高的貓泛白血球減少症（貓瘟）同樣都相當可怕。

喵嗚　PLUS POINT

除了前面提到的疾病外，老貓咪常見的疾病還有巨結腸症（腸道機能衰退使糞便推積在結腸，進而使結腸變得巨大）、特發性膀胱炎（據信是壓力或飲食造成的，原因與一般膀胱炎不同）、支氣管炎或肺炎（病毒性的貓感冒惡化所致），同樣必須特別留意。

隨著壽命延長而增加的疾病

隨著醫療進步與相對安全的室內飼養等影響,貓咪的平均壽命不斷延長,如今已經有不少超過15歲的貓咪了。但是隨著平均壽命的延長,長壽造成的文明病也大幅增加。

大半貓咪都會罹患慢性腎衰竭

據信大半的貓咪上了年紀後,都會罹患又名慢性腎臟病的慢性腎衰竭。由於腎臟功能是在漫長歲月中慢慢衰退,所以往往很難早期發現。疾病初期會有大量飲水、排尿量增加、尿味變淡等症狀。

糖尿病案例與人類一樣增加中

愈來愈多高齡貓會罹患糖尿病,原因包括過度飲食、運動量不足與肥胖等,血糖值會相當高。這是因為胰島素作用減弱,使糖分與水分一起透過尿液排出的狀態,所以貓咪會渴望飲水並增加排尿量。

荷爾蒙分泌活化的甲狀腺機能亢進

儘管愛貓食慾充沛且活潑好動,身體卻仍慢慢消瘦時,就可能是甲狀腺荷爾蒙增加、代謝活絡的甲狀腺機能亢進所致。

(!)

近年的貓咪與人類一樣,運動量不足與熱量攝取過多而充滿肥胖問題。肥胖會提高罹患糖尿病、心臟病以及與老化無關的關節炎風險,所以飼主應在日常生活中控制愛貓的熱量攝取,並想辦法引導愛貓適度運動。

從尿液掌握愛貓的健康狀態

POINT 1 留意排尿次數

貓咪的肌力隨著年齡增長而衰退時，容易發生便祕或是腎臟功能衰退、糖尿病造成的排尿量增加，所以平常確認貓咪排尿狀態是相當重要的。一天排尿1～3次很正常，達到4～5次以上就是頻尿，很有可能是生病了。

POINT 2 留意尿色、氣味與血尿

健康貓咪的尿液是呈淡黃色，氣味並不難聞，也不會混有泡沫、混濁、結石碎片或結晶等。但是如果罹患膀胱炎或尿路結石等下泌尿疾病、食物中毒或腫瘤等，就可能會有血尿的問題，這時尿液會帶有紅色或褐色。

POINT 3 無法排尿同樣很危險

貓咪排尿量少或是排不出尿同樣不可小覷。如果還能排出少許尿液的話可能是膀胱炎，但是若完全排不出尿就可能是尿道堵塞。尿道堵塞常見於公貓，這種情況會使毒素累積在體內，所以發現愛貓完全無法排尿時請立即送醫。

喵嗚 PLUS POINT

健康貓咪1天排便1～2次，糞便形狀細長，就像人類的食指。如果糞便比平常還軟或硬，即使貓咪食慾與精神俱佳，仍應觀察2～3天。

藉遇水凝固的礦砂確認排尿量

掌握愛貓排尿量與次數是很重要的，但是我們不可能一直監視著貓咪，所以請聰明運用遇水凝固的貓砂塊吧。

確認貓砂塊的尺寸

健康貓咪的排尿量上限為每公斤體重的50㎖，雖然很難精準計算，但是使用遇水會凝固的礦砂時，就能藉由貓砂塊的尺寸確認大概排尿量。首先請倒入50㎖的水，確認會形成多大塊的貓砂塊吧。

①---

公貓的尿道比母貓細，所以容易發生尿道堵塞，導致尿液塞在體內。尿道堵塞是因為結石或結晶塞住尿道，放著不管使其演變成大塊結石時可能致命，所以請格外留意公貓的排尿狀況。

POINT 1 家裡要隨時保持乾淨

和貓咪一起生活時，地板、家具、地毯、窗簾、衣服等都會沾上貓毛，此外貓咪也會吃進每天都有的灰塵與碎屑，所以必須仔細清理房間，除塵滾輪更是不可或缺。

POINT 2 善用各種清掃用品

灰塵會從高處落往低處，所以要先撢落高處的灰塵後，再用掃把等掃乾淨。為了人貓著想，請善用除塵拖把、撢子、小型手持式吸塵器等把家中打掃得一塵不染吧。

POINT 3 避免使用地毯等

養貓時原則上除了木地板外，都盡量不要鋪設物品。此外也要選用禁得起經常使用吸塵器，或是能夠像寢具一樣清洗的材質。

喵嗚 PLUS POINT

3月與11月左右都是貓咪的換毛季，會有大量的廢毛脫落。由於貓咪喜歡待在高處，所以廢毛格外容易卡在櫃子或冷氣上，此外窗框與門框等也很容易卡毛，因此這些場所同樣要仔細打掃。

藉梳毛對抗廢毛、灰塵、跳蚤與蟎蟲問題

請透過適度的梳毛對抗愛貓的掉毛問題吧。此外考量到室內空氣流通，勤加換氣與打掃同樣有助於守護人貓健康。

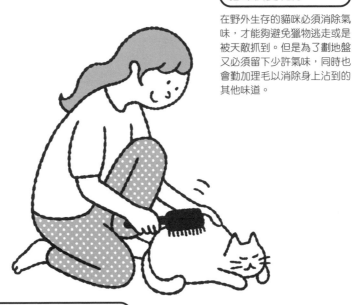

貓咪很愛乾淨

在野外生存的貓咪必須消除氣味，才能夠避免獵物逃走或是被天敵抓到。但是為了劃地盤又必須留下少許氣味，同時也會勤加理毛以消除身上沾到的其他味道。

選擇「寵物OK」的除臭劑

請盡量以清洗或擦拭對抗異味以避免使用除臭劑，儘管如此仍想使用的話請選擇載明「寵物OK」的類型。這邊建議將次氯酸水等不會殘留的消毒劑，稀釋成適當濃度後再擦拭即可，但是用完後請格外留意寵物的狀況。

使用吸塵器時請選擇最高級的集塵袋，且集滿8成就更換。因為集塵超量時會啟動保護馬達的安全裝置，直接將吸進的空氣吐出來，如此一來就失去打掃的意義了。

怎麼讓貓咪吞下討厭的藥？三個技巧幫愛貓克服吃藥難題！

POINT 1　準備4粒並餵食第3粒

市面上售有餵藥輔助食品，可以將錠劑或膠囊塞在零食中央凹陷處，所以請靈活運用吧。但是考量到貓咪警戒心強，建議準備4粒左右的輔助食品，並且僅在第3粒塞藥，如此一來成功機率就會大增。

POINT 2　混在食物裡

將藥物混在日常飲食中是最簡單的方法，但是貓咪可能會因為討厭藥的氣味或滋味，所以進食時獨漏藥物不吃，有時甚至會因為混入藥味而不再喜歡曾經愛吃的食物。這邊建議從正餐以外的食物開始嘗試，選擇符合愛貓口味的溼食型或膏狀零食等。

POINT 3　善用餵藥器

餵藥器（又稱投藥器）是將錠劑或膠囊夾在矽膠製尖端，然後像按壓針筒一樣把藥物餵進口中。另外也可以在徵詢醫師同意下，運用磨粉器將錠劑磨成粉狀。

喵嗚 PLUS POINT

貓咪食道機能較弱，投入固形物體後可能會卡在食道。藥錠或膠囊黏在食道會傷害黏膜並導致發炎，嚴重時甚至會造成食道破洞，所以餵藥後請立刻餵食罐頭等，讓藥物可以隨著食物進到胃部。

直接將錠劑餵入口中的技巧

不使用餵藥器等道具,想直接將錠劑餵入口中時會需要一點技巧。為了避免貓咪受影響而覺得是件苦差事,請飼主也以放鬆的心情進行。

用針筒型餵食器餵食少量的水

將錠劑餵入貓咪口中後,請以針筒型餵食器將5㎖的水,從虎牙側邊的開口慢慢餵入口中,可以避免藥物黏在食道,幫助貓咪吞藥更順利。餵藥後請保持貓咪頭部朝上的狀態,輕觸喉頭或鼻尖以確認是否真的吞下,確實吞藥後請褒獎貓咪。

直接將藥物丟進口中

要將錠劑丟入貓咪口中時,請以慣用手拿藥,另一手從後方輕按貓咪頰骨後往上抬。同時以慣用手的中指輕觸前排的下側牙齒,引誘貓咪張開嘴巴後,再將藥物對準喉嚨投入,並立即握著貓咪的吻部,讓貓咪閉上嘴巴。

> (!) 讓貓咪覺得吃藥是苦差事後,每次準備餵藥時貓咪就會掙扎脫逃。所以費盡千辛萬苦仍無法順利餵藥時,不應因此強迫貓咪。而是改在平常餵食零食的時候,試著模仿餵藥的方式,張開愛貓的嘴巴後,將少量的零食投至喉嚨附近,幫助愛貓從平常慢慢熟悉這種做法。

寵物的飲食療法就找營養專家

希望我家毛小孩吃得健康！

POINT 1 　犬貓飲食專家

為愛貓做健康管理時，當然應與平日往來的醫師商量。但是對減重或養病期間的自宅飲食有任何疑問時，也可以考慮諮詢專門研究犬貓飲食的寵物營養專家。

PET FOODIST

POINT 2 　針對飲食提供豐富建議

寵物營養專家在日本屬於比較新的民間證照，他們熟知犬貓的必需營養素、消化吸收機制，並可針對符合年齡的營養管理、食物選購或餵食方法、疾病與營養管理的方法、食慾不振等飲食方面的問題提供豐富的建議。

POINT 3 　服務於寵物店或寵物沙龍

日本有些寵物店或寵物沙龍的工作人員，會考取寵物營養專家的證照，方便顧客接受服務的同時提出諮詢。考取這種證照的多半從事寵物相關的行業，包括寵物保母、訓練師等。

喵嗚
PLUS POINT

飼主們每天都拉長天線，努力蒐集與愛貓健康管理、疾病或舒適生活相關資訊，相信不少人都對愛貓的飲食相當苦惱吧。然而市面上的錯誤知識相當氾濫，所以需要基於正確資訊的建議時不妨諮詢寵物營養專家。

136

守護貓咪的健康口腔，避免全溼食牙齦更健康

POINT 1　正餐選用綜合營養食

購買正餐要吃的溼食時，建議購買標有綜合營養食的食品（主食罐），因為這代表內含各種身體必要的營養素，調配比例也相當均衡。溼食種類豐富，包括保有食材形狀的類型與泥狀等，請多方嘗試找到符合愛貓口味的溼食吧。

POINT 2　溼食是牙齒的天敵

溼食的一大問題就是容易導致牙垢殘留，進而演變成牙結石。牙結石放著不處理可能會惡化成牙周病，最後不得不拔牙或是牙齦發炎，所以餵食溼食必須更留意牙齒保健，例如：刷牙等。

POINT 3　冷藏時間約 1 天

溼食容器有袋裝、鋁箔包或罐裝等形式，未開封前能夠長時間保存，但是開封後就必須放進保鮮盒等密閉容器冷藏，並且頂多只能放 1 天左右。如果想要冷凍保存的話請先分裝，並且在 1 個月內食用完畢。

喵嗚 PLUS POINT

為愛貓準備緊急糧食時可以考慮溼食，如此一來就能夠在難以取得食用水時補充水分。考量到災難期間可到手的食物有限，請盡量預想各種情況的需求。

這麼吃易造成尿路結石？
即使愛吃也得減少小魚乾餵食量

POINT 1　餵一點點就好

香噴噴的小魚乾從頭到尾都能吃，但是含鹽量過高會對貓咪的腎臟造成負擔。所以要餵食的話請嚴守特定餵食量，不能看貓咪可愛就多餵幾條。餵食時也建議撒在正餐上面當配料就好。

POINT 2　必須間隔數日

小魚乾少量餵食的話沒什麼問題，但是餵食時建議撕碎，且一次餵1～2隻即可，接著最好隔數日至1週左右再餵。愛貓對小魚乾沒興趣或是吃完會吐的話，就請不要餵食。

POINT 3　老貓咪連去鹽小魚乾都不適合

貓用小魚乾通常都標榜低鹽，此外用熱水沖過的話還可以進一步減少含鹽量。但是即使已經努力去鹽了，小魚乾本身仍含有相當高的鹽分，就算真的完全不含鹽分，也有相當高的礦物質。所以為了健康著想，請避免餵老貓咪食用。

 喵嗚
PLUS POINT
除了老貓咪之外，其他像是罹病貓咪、正在食用處方食品的貓咪，或是因為食用小魚乾造成尿路結石或黃脂病的貓咪，都請即刻停止餵食小魚乾。

餵食小魚乾前應認識的風險

雖然小魚乾以貓咪愛吃聞名,但是內含豐富的維生素與鹽分,所以餵食時必須非常小心。

過度攝取鹽分

小魚乾與貓咪這個組合宛如天經地義,實際餵食也確實會令貓咪感到開心,但是其實這對貓咪來說是含鹽量過多的食物,雖說不至於到中毒的地步,不必完全禁止,但是仍不是想餵多少就餵多少。

礦物質可能會結合成尿路結石

相較於過高的含鹽量,餵食小魚乾的真正大魔王其實是豐富的礦物質。攝取過多鈣、鎂、磷等礦物質的時候,如果剛好遇到壓力太大或是水分攝取不足等條件,礦物質就會結合成結晶,進而提高尿路結石的風險,並招致腎臟功能低下的問題。

黃脂病意指體內脂肪氧化

餵食過多沙丁魚、竹莢魚與鯖魚等青魚或小魚乾,過剩的不飽和脂肪酸會使貓咪的皮下脂肪氧化變黃,進而提升罹患黃脂病的風險。發現愛貓的毛失去光澤、下腹部出現腫塊等,都有可能是黃脂病發作了。

(!) 小魚乾裡的每個成分都有益身體健康,對人類兒童與女性來說好處多多,但是其實礦物質含量比柴魚片多了許多,其中鈣質約為80倍、磷約2倍、鈉約13倍、鎂約3倍。

POINT 1　先確認體質是否適合

剛開始餵食優格時，請先餵一兩口確認是否符合愛貓體質，並仔細觀察貓咪的模樣與糞便，沒有問題且愛貓喜歡的話再行增量。這邊建議每3天餵食1次，每次約1~2小匙。

POINT 2　人用優格要選擇無糖款

能夠餵食專為貓咪打造的優格是最理想的，但是如果要購買人用的，就請選擇無糖低脂或是無脂的類型。含糖與脂肪有造成肥胖的風險，所以務必選購原味優格。

POINT 3　堅守適當餵食量

愛貓喜歡吃優格的話，可以用來對抗便祕或當成零食，但是仍請務必堅守適當的分量。雖說只要別過度餵食，不會有貓咪因為優格而產生尿路結石，不過仍別忘了優格也是含有礦物質的。

喵嗚 PLUS POINT

目前尚不確定優格對還沒發育完全的幼貓有什麼影響，所以請先避免餵食。成貓與老貓咪出現暫時性的便祕時，只要觀察沒其他異狀就可以餵食優格看看，但是有些便祕與腹瀉是疾病造成的，所以優格未必能夠見效。

優格的優缺點

愛貓便祕時可以透過按壓穴道、增加飲水量、適度運動、調整飲食內容等方式應對，而優格也是其中一種值得嘗試的方法。但是搭配正餐餵食時，請務必控制在少量即可。

協助改善便祕與口腔環境

優格含有乳酸菌，可以增加腸內好菌，整頓腸內環境。此外乳酸菌有助於抑制牙周病菌，所以也可望預防口臭。雖說優格可以預防便祕，但是內含的乳糖並非完全不會引發腹瀉，敬請留意。

乳糖不適症與過敏都不可餵食

貓咪攝取牛奶會嘔吐或腹瀉，據信是因為貓咪普遍患有無法分解乳糖分解酵素的乳糖不適症。所以剛開始餵食優格時必須審慎觀察，發現愛貓有乳糖不適症或乳製品過敏時，就請避免餵食。

(!) 優格能夠藉由促進消化與整腸作用提升身體的免疫力，可以說是種有益健康的食品。但是並非因為是優質食品且對身體無害，就必須強迫愛貓食用。請將其視為輔助食品，在愛貓缺乏食慾時拌入食物中，或是當成零食等幫貓咪加菜吧。

POINT 1 「貓草」是指哪一種草？

貓草並非特定植物的名稱，而是貓咪愛吃的草類總稱，也就是小麥、大麥與燕麥等禾本科穀物的嫩葉。據信是這些尚未發育完成的葉子很軟，咬起來口感很好所致。

POINT 2 貓草有助於對抗便祕與毛球？

貓咪喜歡貓草的原因之一，似乎是葉子的纖維能夠刺激胃部，幫助改善便祕或是吐出毛球。貓草確實有這項功能，不過其他同樣有力的說法，則是貓咪需要補充葉子中含有的葉酸（維生素的一種）或是單純喜歡吃。

POINT 3 橄欖油有助於通便

橄欖油能夠幫助糞便順暢排出，堪稱天然排便藥，所以愛貓有輕微便祕問題時請務必嘗試。橄欖油含有油酸與多酚等抗氧化成分，有助於預防老年疾病並減緩老化，提升蛋白質的吸收率。

喵嗚 PLUS POINT

橄欖油是油，也就是所謂的脂肪，餵食過多會造成肥胖、胰臟炎或腹瀉。而貓草無法完全被貓咪消化，所以有時會引發嘔吐或腹瀉，請避免餵食給未滿1歲的小貓。

貓草與橄欖油的餵食法

想從飲食下手對抗便祕時，除了優格以外還可以考慮貓草或橄欖油，所以這邊將說明該餵多少？該怎麼餵？什麼時候餵？

不可餵食過多貓草

貓草1天請控制在數根比較保險。因為禾本科植物很硬，食用後可能傷害消化器官，所以請餵食嫩葉就好，此外也建議選在獎勵愛貓時餵食。

橄欖油可拌在食物裡

貓咪的體重為4kg時，每天建議餵食量為0.5～1小匙且分成兩次，拌在溼食或是用溫水泡軟的飼料中。第一次餵食時請先從0.5小匙開始嘗試，以確認是否符合愛貓的體質。

自己種貓草比較划算

雖說超市或五金行等都能夠輕易買到貓草，但是很快就會枯掉，所以也可以考慮購買種子或栽培組自行栽種。從種子開始長到7～8cm長只要1～2週的時間，而且種植一次可以反覆生長數次，相當划算。

(!) 吞進肚子裡的毛堆積在腸內而造成便祕惡化時，在肛門塗抹橄欖油，或是用吸附橄欖油的棉花棒輕觸肛門，都能夠幫助貓咪排便。雖說人類料理用的橄欖油也可以，但是嚴禁選擇以胡椒等刺激物調和過的類型。

POINT 1　4天沒排便就是便祕

雖說實際情況依體質而異，但是一般來說貓咪1～2天會排便1次，4天沒排的話就視為便祕，這時可以餵食少許牛奶或是調整食物觀察看看。而便祕的原因五花八門，包括剛換食物、飲水不足、壓力、藥物副作用、毛球、誤吞玩具等。

POINT 2　有異狀時就送去檢查

貓咪便祕時排出的糞便會很硬或是圓滾滾的，有時則會努力半天也排不出來。當愛貓出現完全排不出便、腹部脹起、食慾不振、血便、嘔吐或脫水等症狀時，就請帶去醫院接受檢查。

POINT 3　必須開刀的巨結腸症

嚴重便祕時的治療方法，包括餵食乳果糖等便祕藥物或是提高腸道蠕動的藥物、使用點滴等輸液治療、浣腸或掏出糞便等，但是長期的慢性便祕有結腸擴張，並演變成巨結腸症的風險，而這時就必須開刀處理才行。

喵嗚 PLUS POINT

貓咪排便的次數不算多，所以1～2天沒有排便並不罕見。但是請在狀況輕微時，透過有助於預防便祕的按摩或穴道按壓，避免演變成慢性便祕。

輕度便祕就按壓促進排便的穴道

老貓咪的肌力衰退且腸道蠕動變慢,所以比較容易便祕。雖說便祕的原因形形色色,但是如果是為了預防或是症狀輕微時,這邊建議飼主為愛貓按壓有助排便的穴道。

促進腸胃運作的穴道

除了可改善便祕外,貓咪的腹部其實也有幾處可促進腸胃運作的穴道,分別是尾巴根部的「尾根」、肚臍兩側的「天樞」、肚臍與心窩所連直線上方的「中脘」。

可改善便祕的穴道

有助於改善便祕的穴道有數處,所以覺得「貓咪可能便祕了」的時候,請用指腹溫柔按壓穴道看看吧。其中最有效果的分別是尾巴尖端處的「尾端」、背部中央稍微靠近臀部側的「次髎」,以及前腳根部附近的「槍風」。

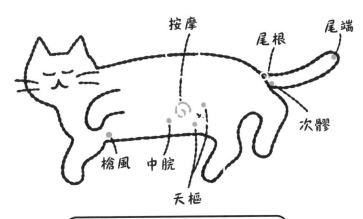

按摩　尾根　尾端　次髎　天樞　中脘　槍風

也可以按摩腹部

首先請讓放鬆的貓咪側躺或仰躺,或是從後方抱起愛貓,讓貓咪坐在自己的大腿上吧。接著用指腹以寫「の」的方式輕撫貓咪的腹部,建議不要施加任何力道。

> ⚠ 貓咪有慢性便祕的問題時,請每天觸摸貓咪的腹部確認大腸是否變硬,且要確認糞便是否都很細。但是在缺乏專業知識下亂摸可能傷及腸道,所以建議向平常往來的醫師詢問正確的觸摸方式。

貓咪和人類一樣，變得太肥胖易造成糖尿病！

POINT 1　有肥胖傾向時就選低脂食品

貓咪罹患糖尿病時，吃進富含碳水化合物的食物後，血糖值會急遽上升，所以必須認真控制血糖才行。當愛貓有肥胖傾向時請選擇低脂飲食，也就是高蛋白且低碳水化合物的食物，而實際內容建議諮詢平常往來的醫師。

POINT 2　挑選高蛋白、低碳水化合物

適合糖尿病貓咪的飲食，是高蛋白質且低碳水化合物或無穀食品，但是選購時請勿只看「糖尿病貓咪適用」等標語，必須親自確認成分表才行。如果愛貓喜歡的話，也可以餵食標有綜合營養食的溼食。

POINT 3　關鍵為飲食與胰島素注射

糖尿病的初期症狀為大量飲水與排尿量增加等，治療過程中為了控制血糖值，必須改餵含醣量較少的處方飼料。而補充胰島素的皮下注射通常為1天兩次，並由飼主在動物醫院指導下進行。

喵嗚

PLUS POINT

中高年至老年貓咪最常罹患的內分泌系統疾病就是糖尿病，且7成以上都是血糖值會一直很高的第二型糖尿病，很容易引發併發症（慢性細菌感染等）。

預防會造成許多疾病的肥胖

無論是人類還是貓咪，肥胖都是健康的天敵。肥胖會提高罹病的風險並縮短壽命，放著不管的話也有很高的糖尿病機率，所以請努力預防愛貓肥胖吧。

低醣

過食與運動量不足都會招致肥胖

貓咪肥胖的主因有運動量不足、吃太多（攝取熱量過多）、結紮後食慾增加、年紀大造成基礎代謝量低下等。

> (!) 糖尿病貓咪同時患有腎臟疾病或過敏等其他疾病，或是有肥胖、過瘦的傾向時，選用的飲食通常會以這些問題為優先。若是必須同時進行飲食療法與胰島素注射的話，就必須與醫師仔細討論餵食內容、次數與時間點。

讓貓咪攝取優質脂肪，預防隱形殺手腎衰竭

POINT 1　餵食優質蛋白質

貓咪罹患腎臟疾病後，身體代謝蛋白質時所產生的老舊廢物，會對腎臟造成負擔，所以建議採用低蛋白質且低熱量的飲食。蛋白質是身體必需營養素，所以近年開始認為與其限制蛋白質攝取量，不如慎選優質蛋白質。

POINT 2　含有 ω-3 脂肪酸的食物

富含 DHA、EPA 等 ω-3 脂肪酸的食物，有助於預防腎臟疾病。ω-3 脂肪酸可以說是萬能選手，能夠對各種器官發揮效果進而維持健康。據信 ω-3 脂肪酸除了有助於預防腎衰竭外，也可有效對抗心臟疾病、關節炎、皮膚炎，並促進腦部活化等。

喵嗚 PLUS POINT

ω-3 脂肪酸的安全性較高，不要過度攝取就不會有副作用。ω-3 脂肪酸屬於脂肪的一種，過度攝取可能會造成腹瀉或嘔吐。此外據信 ω-3 脂肪酸與 ω-6 脂肪酸（麻油、蛋黃、鯡魚等）比例為 1：5～1：10 時特別有益犬貓健康。

進一步認識 ω-3 脂肪酸！

對貓咪來說最不得忽視的疾病之一就是腎衰竭。貓咪罹患腎衰竭後必須改餵處方飼料，因此趁貓咪健康時在飲食多費點功夫，避免腎臟機能衰退是很重要的。

DHA
EPA

注意氧化問題！

ω-3 脂肪酸可帶來各式各樣的健康效果，包括藉由改善血液循環降低三酸甘油酯，達到預防肥胖、心肌梗塞與腦中風等疾病的效果，並可使被毛更有光澤等，缺點是容易氧化，所以建議搭配具抗氧化作用的維生素 E 等一起攝取。

魚貝類含量豐富

鮪魚、沙丁魚、秋刀魚與鯖魚等魚類、安康魚肝、鮭魚等的魚卵、螃蟹、淡菜、牡蠣等海鮮都富含 ω-3 脂肪酸。由於貓咪體內無法自行合成 ω-3 脂肪酸，所以必須透過飲食攝取。

寵物專用的 ω-3 脂肪酸

有些動物醫院會販售寵物專用的 ω-3 脂肪酸，有些獸醫認為包括貓咪在內的所有寵物，超過 10 歲後都應想盡辦法增加 ω-3 脂肪酸的攝取。

腎臟是由許多名為「腎元」的結構體組成，能夠過濾血液，排出老舊廢物。貓咪的腎臟有 40 萬個腎元（人類約有 200 萬個），而腎元會隨著年紀增長而損壞，一旦損壞就無法再生，腎衰竭更是會加快腎元失去作用的速度。

POINT 1 　減少3～4成的熱量攝取

為愛貓減少熱量攝取時，建議先減少1日必需熱量的3～4成。如果7kg貓咪的理想體重是5kg的話，必需攝取熱量就是275kcal（5×55），減少35%就是179kcal。也就是說，食物標籤上寫「380kcal／100g」時，餵食量為179÷380×100≒47g。

POINT 2 　在食物中拌入少許蔬菜

貓咪本身不需要攝取蔬菜，但是在食物中添加少許蔬菜，可以在維持分量感的同時抑制熱量攝取。將高麗菜、胡蘿蔔與青花菜等蔬菜煮軟後與食物拌在一起，就成了最佳減重餐。

POINT 3 　打碎有助於吸收營養素

想讓愛貓攝取蔬菜中的維生素時，可用調理機等打碎後再餵食，這裡推薦的是青花菜、胡蘿蔔、南瓜與香菇。

喵嗚 PLUS POINT

擔心愛貓便祕時，可以選擇膳食纖維豐富的番薯等，此外光是1天增加5分鐘的玩耍或運動時間，就能夠對貓咪的減重帶來很好的效果。請各位務必了解，避免愛貓肥胖是飼主的責任。

減重的關鍵在於熱量與飲食內容

為了減少熱量攝取而重新審視飲食內容,是減重時的一大關鍵。而改成少量多餐等避免損及愛貓進食樂趣,打造無壓減重環境則是成功的祕訣。

藉BCS確認肥胖程度

貓咪的體重達理想體重(剛滿1歲時的體重)的120%以上時就稱為肥胖,而用現在體重算出理想體重的貓體態評分標準(BCS),就將肥胖分成5個階段,其中3是最理想的狀態(理想體重的95～106%)、4是體重過剩(107～122%)、5是肥胖(123～146%)。

減重目標為每週1%

愛貓的BCS為4、5的偏胖與過胖時,就請著手為其減重吧。建議的減重步調為1週約1%為佳。假設7kg的貓咪理想體重是5kg,在實際減掉2kg之前,每週減0.07kg(70g)是最理想的。請花約6個月半的時間,協助愛貓慢慢減輕共計2kg的重量吧。

BCS提供了用貓咪體型插圖評分的方式,只要對照各體型的評分再用現在體重下去除,就能夠計算出理想體重。假設6kg的貓咪為BCS5,就代表現在的體重是理想體重的125%,確實有肥胖的問題,那麼理想體重就是6kg÷1.25≒4.8kg。

蔓越莓有機會預防尿路結石？

POINT 1　可期待發炎抑制效果！

腎臟、膀胱與尿道等尿路有結石生成的尿路結石症，主要分成磷酸銨鎂結石與草酸鈣結石。其中磷酸銨鎂結石是因為尿液鈣化、尿路發炎與運動量不足等造成的，而據說蔓越莓可以抑制炎症。

POINT 2　不適合餵食的時機

雖說蔓越莓可望抑制發炎，以降低磷酸銨鎂結石的風險，但是卻有報告顯示，蔓越莓裡的草酸鹽對人類來說有提升造成草酸鈣結石的風險。所以若貓咪已經有草酸鈣結石問題的時候，不要餵食蔓越莓會比較保險。

POINT 3　降低尿路感染的發作風險

蔓越莓內含的原花青素是多酚的一種，具有抗氧化作用。人類醫學方面有報告顯示這種成分可減少細菌附著量，降低尿路感染的發作風險，至於貓咪方面則尚無醫學方面的根據。

喵嗚 PLUS POINT

雖然已經確認蔓越莓對人類的尿路結石有一定預防效果，但是尚不明白用在貓咪身上的效果與適當用量，所以應檢測愛貓攝取前後的尿液，確認是否真的有效。

也很受歡迎的蔓越莓健康食品

在美國屬於主流水果的蔓越莓，含有對貓咪與人類的身體都很好的成分，也可望藉由抗菌與抗氧化作用抑制尿路感染的發作風險。

果汁與果醬的原料

很常出現在貓咪食品原料表的蔓越莓，是種大紅色的小巧水果，酸味很強所以不適合生吃，但是經常做成果乾、果汁、果醬或醬料等。

健康食品有分人用與貓用

蔓越莓中含有抗氧化的原花青素、維生素C，以及具整腸作用的果膠，可以改善便祕與整頓腸內細菌均衡的奎寧酸、膳食纖維等。

⚠ 雖說原花青素可望抑制尿路感染的發作，但是同屬蔓越莓成分的草酸鹽，卻反而可能提高尿路結石的發作風險。另外則有研究報告顯示人類正常食用的話沒有問題，因此可以推論少量餵食給健康貓咪無妨。

POINT 1　方便精準測量

幫愛貓量體重時，最方便的就是人類嬰兒用的體重計。這種體重計方便貓咪坐在上面，使用的單位也很適合貓咪，通常都會設定在以1g、2g或5g為單位，所以能夠精準量出貓咪的正確體重。

POINT 2　人用體重計也OK

使用平常在用的體重計是最輕鬆的方式，這時只要由人類抱著貓咪量完體重，再放下貓咪測量人類本身的體重後，將一起量出來的數值扣掉人類的數值就等於貓咪的體重。

POINT 3　放在外出袋裡測量

另外也可以將貓咪放進外出袋或是袋子裡的籃子，然後用吊秤勾起袋子測量。或者是直接將外出袋放在體重計上測量，同樣能夠測出確實的體重。這時與人類抱著一起量相同，都必須扣掉袋子的重量。

喵嗚　PLUS POINT

除了嬰兒體重計之外，釣魚時可吊著魚測重量的電子吊秤同樣很適合。只要將吊秤掛在門框上，再吊掛起用洗衣袋或外出籠裝好的貓咪即可，但是測量時記得用雙手扶住貓咪避免搖搖晃晃。

健康管理的基本就是定期量體重

飼主能夠辦得到的健康管理之一，就是定期確認體重。體重急遽增減是健康出現異狀的警訊，所以請定期（最好1週量1次以上）測量愛貓的體重吧。

14～15歲之後過瘦的貓咪急遽增加

隨著貓咪年紀變大，預防或對抗肥胖就格外重要，但是其實貓咪過了14～15歲後，過瘦的數量急遽增加，年紀更大的超高齡貓咪更是過瘦比例遠大於肥胖。有時體重驟減是因為口內炎或牙齦炎造成進食困難，有時則可能是其他疾病的警訊。

老貓咪每週要測量1次以上

即使是健康成貓，1個月至少也要量一次體重。但是4個月齡以下的幼貓、老貓咪、病貓與減重中的貓咪都必須做好體重管理，所以建議1週至少要測量1次。

盡量挑相同的時間點測量

體重會在1天內多次變動，進食、排泄或運動都帶來影響，所以請盡量挑在相同的時間點測量。雖然以1g為單位的體重計最精準，但是愛貓體重比較輕的時候用10g為單位的也無妨，至於其他貓咪則可以使用以50g為單位的類型。

！

人類的體重受到飲食、衣物、測量誤差等影響，常常會有500g左右的變動，因此量體重時通常不會在意這點落差。但是對5kg左右的貓咪來說，500g左右的變動等同於50kg的人類有高達5kg的變化，所以並不是什麼大不了的差異，請確認愛貓是否生病了。

POINT 1　費用依保險公司而異

每個月應支付的保險費用依保險公司而異，且除了貓咪品種、投保年齡會造成差異外，能否保證續保也會造成相當大的保費落差，所以請別只看眼前的支出，應想清楚未來可能發生的狀況再做決定。

POINT 2　確認理賠內容與比例

理賠內容與比例同樣因保險公司與商品而異，而日本的寵物保險多半僅支付診療費的5成或7成，以1萬元來說，理賠7成就代表自負額是3000元。此外也應確認住院1天或開刀1次的理賠金額、上限與免責事項。

POINT 3　確認理賠金的申請方式

日本有些寵物保險與動物醫院合作，只要結帳時出示保險證，飼主就只要支付自負額即可。如此一來，就不必另外辦理申請理賠的手續了。

喵嗚
PLUS POINT

很多飼主都是到愛貓生病或受傷時，才真正體會到飼養寵物會有這些額外支出，進而感到傷腦筋。此外遺傳性疾病與投保前就罹患的疾病，往往屬於免責事項，保險公司不會對此有所理賠，所以想購買寵物保險的話建議趁早進行。

診療費總是貴得超乎想像

發生生病或受傷等無法預測的事情時，保險就派上用場了。目前日本提供寵物保險的保險公司約15家，但是性質與人類保險不同，投保時請特別留意。

政府不會補助任何貓咪醫療

動物醫院的治療費用，都必須由飼主全額負擔。日本獸醫師會於2015年調查發現，平均每個家庭花在貓咪身上的治療費為每個月6991日圓，每年約84000日圓。

費用依動物醫院而異

動物醫院的治療並沒有「這個醫療法〇元」的統一標準，即使是同一種治療，實際費用仍會隨著動物醫院而異。醫院引進了最新設備時，治療費往往也會跟著提高。

保費會隨著年齡等提升

實際情況依保險公司而異，不過基本上保費會依貓咪的品種與年齡，每年或是每隔數年上漲一次。

(!)

投保寵物保險可減少診療費的自付額，如此一來，只要發現愛貓出現異狀，就可以不必在意錢的問題立刻帶去看醫生，有利於疾病的早期發現與早期治療。此外有些寵物保險除了醫療外，還可以在寵物破壞他人物品時提供損害賠償，或是提供特約葬儀業者等，並有網路投保優惠或多貓投保優惠等可以選擇。

參考文獻

《新裝版 ネコにいいもの わるいもの》（臼杵新監修，造事務所編著，三才ブックス）

《猫のための家庭の医学》（野澤延行著，山と溪谷社）

《ネコの老いじたく いつまでも元気で長生きしてほしいから知っておきたい》（壱岐田鶴子著，クリエイティブ）

《学研ムック 改訂版 うちの猫との暮らし悩み解決！Q&A100》（学研プラス編著，学研プラス）

《癒し、癒される猫マッサージ》（石野孝、相澤まな著，実業之日本社）

《猫と暮らすと幸せになる77の理由――現代人のお悩み、ズバッと解決！》（石田卓夫監修，Collar出版）

《面白くてよくわかる！ネコの心理学》（今泉忠明監修，アスペクト）

《ずーっと猫と遊ぼう！ 猫とのおたのしみ100》（小泉さよ著，MEDIA FACTORY）

※另外也參考了許多報章雜誌與網路文章。

監修者簡介

臼杵新

獸醫師，臼杵動物醫院（埼玉縣埼玉市櫻區）院長。
出生於1974年。畢業於麻布大學獸醫學院獸醫系，
曾受聘於野田動物醫院（神奈川縣橫濱市港北區）等
擔任獸醫師，現為臼杵動物醫院院長兼獸醫師。座
右銘是「讓動物與飼主都能獲得幸福的治療」。著有
《狗狗高齡的照護》（晨星出版）、《狗狗心事誰知道？
狗狗健康長壽50招!!》（青文出版），監修作品包括
《我家狗狗要長命百歲！狗狗的高品質健康生活寶典》
（楓葉社）、《猫にいいものわるいもの》、《犬にいい
ものわるいもの》（均為三才Books出版）。

封面、內文設計	清水真理子（TYPEFACE）
插畫	ささきともえ
撰文	倉田楽　東野由美子
編輯	株式会社ロム・インターナショナル
	中野俊一（世界文化社）
編輯協力	株式会社バーネット

NEKO NO KARADA NI II KOTO JITEN
© SEKAIBUNKA Publishing Inc., 2021
All rights reserved.
Originally published in Japan by SEKAIBUNKA Publishing Inc.
Chinese (in traditional character only) translation rights arranged with
SEKAIBUNKA Publishing Inc. through CREEK & RIVER Co., Ltd.

我家貓咪要好好到老！
貓咪的高品質樂活養生事典

出　　　　版／楓葉社文化事業有限公司
地　　　　址／新北市板橋區信義路163巷3號10樓
郵 政 劃 撥／19907596 楓書坊文化出版社
網　　　　址／www.maplebook.com.tw
電　　　　話／02-2957-6096
傳　　　　真／02-2957-6435
監　　　　修／臼杵新
翻　　　　譯／黃筱涵
責 任 編 輯／江婉瑄
內 文 排 版／楊亞容
校　　　　對／邱鈺萱
港 澳 經 銷／泛華發行代理有限公司
定　　　　價／350元
出 版 日 期／2022年8月

國家圖書館出版品預行編目資料

我家貓咪要好好到老！貓咪的高品質樂活養生
事典／臼杵新監修；黃筱涵翻譯. -- 初版. --
新北市：楓葉社文化事業有限公司, 2022.08
　面；　　公分

　ISBN 978-986-370-437-9（平裝）

　1. 貓　2. 寵物飼養

437.364　　　　　　　　　111008429